JN011784

実践 REST サーバ

Node.js、Restify、MongoDBによるバックエンド開発

豊沢 聡◉著

■サンプルファイルのダウンロードについて

本書掲載のサンプルファイルは、一部を除いてインターネット上のダウンロードサービスからダウンロードすることができます。詳しい手順については、本書の巻末にある袋とじの内容をご覧ください。

なお、ダウンロードサービスのご利用にはユーザー登録と袋とじ内に記されている番号が必要です。そのため、本書を中古書店から購入されたり、他者から貸与、譲渡された場合にはサービスをご利用いただけないことがあります。あらかじめご承知おきください。

はじめに

本書は、Node.js の Restify フレームワークを用いた REST サーバの構築方法を説明します。バックエンドデータベースには MongoDB を使います。

REST（Representational State Transfer）にはいろいろな定義がありますが、ここでは、サーバとクライアントのソフトウェアが、JSON というフォーマットでデータを交換するサービスと考えます。また、一般の Web サービスと同じように、通信プルトコルに HTTP を採用するものとします。そして、GET や POST などの HTTP メソッドを通じて、サーバに置かれたリソース（データ等）に対し、作成（create）、取得（read）、更新（update）、削除（delete）といった CRUD 操作を施す機能をクライアントに提供します。

HTTP サーバを構築するフレームワークはいくつかあります。Python なら Django、JavaScript/Node.js なら Express.js がポピュラーですが、本書が Node.js と Restify のペアを推すのは、Resitify が（その名のとおり）REST サービスに特化しており、REST サーバ構築に必要な機能を容易に利用できるからです。

簡単なデモを示します。クライアントからの GET /welcome リクエストに固定メッセージを返すだけなら、次のように 7 行で書けます。

```
const restify = require('restify');
let server = restify.createServer();
server.get('/welcome', function(req, res, next) {
  res.send({message: 'Hello World'});
  return next();
});
server.listen(8080);
```

ブラウザから動作を確認します。

localhost:8080/welcome

```
{"message":"Hello World"}
```

RESTにはいろいろな用法があり、OSとインタフェースすることでシステムを設定したり、背後にデータベースを置くことでデータサービスを展開したりできます。ここでは、後者のやり方を示します。

データベースにはMongoDBを採用しました。MongoDBが非リレーショナルデータベース（NoSQL）の中でもトップクラスにポピュラーであることに加え、JSONデータとの親和性が高いからです。MongoDBにはいくつかのタイプがありますが、本書で用いるのはインストール不要で、（リソースに制限はあるものの）無償で利用できるクラスタサービスのAtlasです。Restifyとデータベースのインタフェースには、MongoDBが提供するMongoDB Node.jsドライバを使います。

クライアントはとくに用意はしませんが、用例はコマンドライン志向の`curl`から示します。リクエストヘッダやHTTPメソッドを簡単に調整できて便利だからです。

以上、本書で構築するRESTサーバのアーキテクチャを図にすると次のようになります。

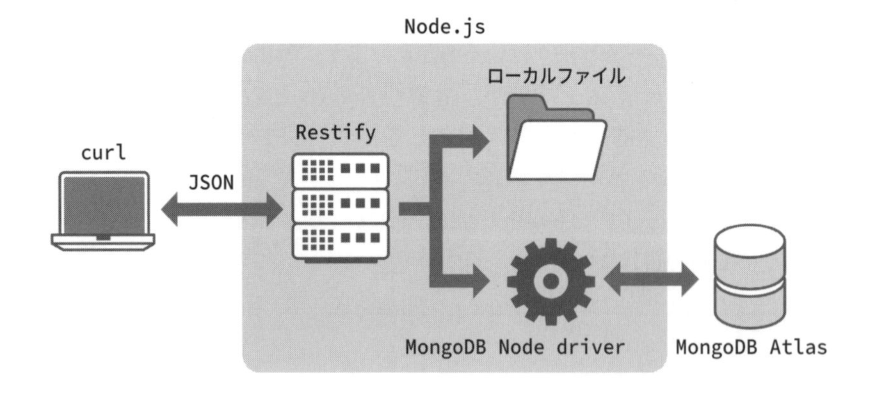

これを機会に、Restifyの利用が広がれば幸いです。

2024年3月
豊沢 聡

本書の構成

本書は2部構成になっています。第I部ではRESTサーバ構築に必要なRestifyとMongoDBドライバの使いかたを、第II部では関連する基盤技術をそれぞれ説明します。

RestifyとMongoDBドライバを使いこなすには、そのベースにあるNode.jsとそのHTTP/HTTPSモジュール、TLS/SSLで使用するサーバ証明書、MongoDBのデータ構造やフィルタリング機能などの理解が欠かせません。RestifyやMongoDBドライバを使いながらその都度そうした基盤技術のポイントを説明してもよいのですが、それだと話の流れが損なわれます。そこで、これら基盤技術の説明は第II部にまとめました。これら技術のことはあらかじめわかっているのなら、飛ばしてくださって結構です。

第I部の目次を次に示します。

第1章　Restifyサーバの基本

Restifyのベーシックな機能を説明します。データはハードコーディングあるいはファイルベースです。

第2章　アクセス制御

ユーザ認証や流量制限など、サービスを保護する機能を紹介します。

第3章　バックエンドデータベース

RestifyからMongoDB Atlasに接続することで、バックエンドデータベースに対しデータの作成、取得、更新、削除の操作を行います。

第4章　その他の機能

ここまでの章では取り上げなかったRestifyのその他の便利な機能を紹介します。

第II部では、それぞれの基盤技術についてソフトウェアの概要、インストール方法あるいはアカウント作成方法、マニュアルの所在と読み方のコツ、第I部を理解する上で重要なポイントを説明します。

第5章　Node.js

基本情報に加え、Node.jsパッケージ（`package.json`）の作成方法とモジュール読み込みで使う`require()`を説明します。

第 6 章　Restify

Server.pre() や Server.use() で導入するプラグイン、そして処理関数（ハンドラ）の処理順序を追加で説明します。

第 7 章　Node.js によるサーバ構築

Restify が内部で使用している HTTP/HTTPS/HTTP2 モジュール、およびそこで用いられる http.IncomingMessage（req）や http.ServerResponse（res）の用法を、サーバスクリプトの実装を通じて示します。

第 8 章　MongoDB Atalas

データベース、コレクション、ドキュメントの作成・表示方法を説明します。ただし、ネットワークサービスの Atlas だけをターゲットにしており、GUI や CLI のクライアントは取り上げません。また、使わなくなったときのために、アカウントの削除方法も示します。

第 9 章　curl

本書の範囲での用例を章末にまとめています。

第 10 章　OpenSSL

HTTPS サーバの運用に必要な自己署名サーバ証明書の作成方法を説明します。

■ダウンロードサービス

出版社のダウンロードサービスから本書掲載のスクリプト（計 30 本）、サンプルデータ（JSON と HTML）、サンプル自己署名サーバ証明書（OpenSSL で作成した TLS/SSL 通信用）、参考文献（付録 A）がダウンロードできます。方法については扉裏をごらんください。

スクリプトは目的を達成できる最小限で書かれています。例外にはほとんど対処しないので、エラー終了することもあります。

■インストール

実行環境は Node.js です。インストールがまだなら、第 II 部第 5 章を参照してください。

利用するパッケージ（npm）は Restify、Restify-client、MongoDB Node.js Driver、jsonwebtoken の 4 点です。ダウンロードサービスのパッケージには含まれていないので、パッケージを展開したら、そのディレクトリ上で次の要領でインストールしてください。

```
npm init -y                                   # npmパッケージを用意する
npm install restify
npm install restify-client
npm install mongodb
npm install jsonwebtoken
```

実行環境

Node.js はプラットフォームを問いません。

本書の用例は、いずれも Windows 10 上の Windows Subsystem For Linux（中身は Ubuntu）でのものです。

スクリプトの動作確認をする HTTP クライアントには、コマンドライン志向の `curl` を使います。用法は、その都度、次に示すコラムで説明します。

`curl` はコマンドライン志向の HTTP クライアントです（左のアイコンは `curl` のロゴ）。Windows や Unix にはデフォルトで搭載されています。`curl` の用法については、第 9 章にまとめがあるので参照してください。

`curl` は Windows 10 では WSL か Power Shell での利用をお勧めします。単一引用符を受け付けない Windows コマンドプロンプトは、使えないわけではないですが、かなり苦労します。

出力例は、見やすいように編集したうえで紙面に掲載しています。皆さんの実行結果と見栄えが異なりますが、内容は同じです。`//` や `#` などからコメントが挿入されているものもありますが、これらも説明用に追加したもので、実際の出力には現れません（JSON にはコメントが書き込めません）。

前提条件

本書では、読者には次の知識と技能のあることを前提に書かれています。

JavaScript

テンプレートリテラルや Promise などの中級レベルの技巧を使っているので、ある程度の JavaScript の経験が必要です。本書の JavaScript 実行環境である Node.js については、各種モジュールや `require` の使いかたをある程度はわきまえていると仮定しています。HTTP/HTTPS/HTTP2 モジュールについては、その仕組みが Restify と直接関係あるので、第 II 部第 7 章で説明します。

HTTP

GET や POST などのメソッド、Content-Type などのヘッダがどのように機能するかの大枠は知っているものとします。ヘッダのフォーマットや細かい特性はその都度説明します。

REST

URL（エンドポイント）で「リソース」にアクセスすると JSON が返ってくる、あるいは POST や PUT などのメソッドでサーバに JSON テキストを送ると「リソース」が作成されたり更新されたりするもの、と大雑把に知っていれば十分です。

JSON

[] や {} で構造化されたデータということがわかっていれば大丈夫です。データ型の定義は参考となるよう付録 C で説明します。

データベース

SQL の経験があるとわかりやすいですが、必須ではありません。本書で用いる MongoDB については、ネットワークサービス（Atlas）のアカウントの作成方法などを最初から説明します（第 II 部第 8 章）。膨大な機能があるので、本書が説明できるのはほんのとば口だけです。

HTML/CSS

使いません。

目次

MongoDB Atlas

第Ⅰ部

REST サーバ

第I部では、Node.js パッケージの Restify を使った REST サーバの構築方法を示します。

第1章　Restify サーバの基本

Restify のベーシックな機能を説明します。データはハードコーディングあるいはファイルベースです。

第2章　アクセス制御

ユーザ認証や流量制限など、サービスを保護する機能を紹介します。

第3章　バックエンドデータベース

Restify から MongoDB Atlas に接続することで、バックエンドデータベースに対しデータの作成、取得、更新、削除の操作を行います。

第4章　その他の機能

ここまでの章では取り上げなかった Restify のその他の便利な機能を紹介します。

Resifty と MongoDB を使って JavaScript/Node.js プログラミングをするには、それなりの知識が前提となりますが、ここでは、サーバ構築に専念するので、細かい周辺知識は説明しません。Node.js やその HTTP モジュール、MongoDB Atlas の用法などは第II部で説明します。不如意なところがあったら、その都度参照してください。

第1章 Restify サーバの基本

本章では、Restify のベーシックな機能を用いて REST サーバを構築します。柔軟なエンドポイントの記述方法、そしてプラグインを用いたクエリ文字列やボディの解析方法も示します。

HTTP のバージョンは 1.1 とし、メッセージは平文で交換します。末尾の 2 節ではこれを暗号で保護した HTTPS（バージョンは 1.1）および HTTP/2 にコンバートする方法を示します。

1.1 簡単な HTTP REST サーバ

■ 目的

暗号化（TLS/SSL）なしのシンプルな HTTP ベースの REST サーバを作成します。

受け付けるエンドポイント（URL）は /sake/kaiun と /sake/isojiman の 2 点です。これ以外のエンドポイントへのリクエストには「404 Not Found」を返します。使用できる HTTP メソッドは、前者では GET、後者では POST のみとします。それ以外のメソッドには「405 Method Not Allowed」を応答します。

Restify では、メソッドとエンドポイントの組がリクエストされたときの処理関数を登録することで REST サーバを構築します。

```
(メソッド, エンドポイント) => 処理関数
```

この対応関係を設定することをルーティング（経路制御）といいます。処理関数はハンドラとも呼ばれます。Restify のコーディングは、サーバに必要なだけルーティングを準備することに他なりません。本節の場合は次のルーティングです（例題を簡単にするため、どちらのエンドポイントでも同じ関数を使っています）。

```
GET /sake/kaiun => respond
POST /sake/isojiman => respond
```

■ コード

HTTP/1.1 対応のシンプル REST サーバのコードを次に示します。

リスト 1.1 ● rest-http.js

```
1 const restify = require('restify');
2
3
4 function respond(req, res, next) {
5   res.send({
6     serverName: server.name,
7     httpVersion: req.httpVersion,
```

```
 8      httpMethod:  req.method,
 9      requestURI: req.url,
10      connection: `${req.socket.remoteAddress}:${req.socket.remotePort}`,
11      message: 'Drink me.'
12    });
13    return next();
14  }
15
16
17  let server = restify.createServer();
18  server.listen(8080, function () {
19    console.log('Listening on', server.url);
20    console.log('Association', server.address());
21  });
22  server.get('/sake/kaiun', respond);
23  server.post('/sake/isojiman', respond);
```

■ 実行例

コードを実行すると、サーバは localhost:8080 で待ち受けを開始し（listening）、次のように URL のスキームと権限元、そしてサーバ側のソケットアソシエーションを表示します（コード 19 ～ 20 行目）。

```
$ node rest-http.js
Listening on http://[::]:8080
Association { address: '::', family: 'IPv6', port: 8080 }
```

[::] はオール 0 の IPv6 不定アドレスで、IPv4 では 0.0.0.0 に相当します。Restify のサーバ生成メソッド（そしてその基盤にある Node.js のメソッド）は、アドレスあるいはドメイン名が指定されなければ不定アドレスを用います。

不定アドレスでは、通常、そのホストのすべてのネットワークインタフェースのアドレスで待ち受けられます。これには localhost（127.0.0.1/8 あるいは ::1）も含まれます。また、IPv6 の localhost で待ち受けると、IPv4 でも待ち受けます。

クライアントからエンドポイント /sake/kaiun に GET メソッドからアクセスすれば、JSON テキスト（コード 5 ～ 12 行目で定義したオブジェクト）が応答されます。

```
$ curl -i localhost:8080/sake/kaiun
HTTP/1.1 200 OK
Server: restify
Content-Type: application/json
Content-Length: 150
Date: Wed, 31 Jan 2024 01:00:02 GMT
Connection: keep-alive
Keep-Alive: timeout=5

{
  "serverName": "restify",
  "httpVersion": "1.1",
  "httpMethod": "GET",
  "requestURI": "/sake/kaiun",
  "connection": "::ffff:127.0.0.1:55300",
  "message": "Drink me."
}
```

-i（ロングフォーマットは --include）は、レスポンスヘッダも表示する（デフォルトでは割愛される）コマンドオプションです。

スクリプトが用意している返信データは JavaScript オブジェクトですが、クライアントが受信したデータは JSON テキストです（プロパティキーが二重引用符でくくられている）。JSON の送受がメインである Restify は、このようにデータの JSON への変換を自動的に行ってくれるのです。変換メカニズムについては 4.4 節で説明します。

レスポンスヘッダの Content-Type フィールドが application/json なところもポイントです。Node.js ネイティブの HTTP モジュールでは、デフォルトでは Content-Type は挿入されません。これも、Restify が自動で加えています。

connection プロパティに示された IP アドレスは、IPv4 アドレスを IPv6 でそのまま用いるときの IPv4 射影アドレスです（先頭 80 ビットがすべて 0、続く 16 ビットがすべて 1、残りの 32 ビットが IPv4 アドレス）。

同様に、POST /sake/isojiman にアクセスします。POST はクライアントからサーバにデータを上げるメソッドですが、ここでは命令を受け付けはするものの、とくになにもせずに応答だけ返しています。応答の中身は GET /sake/kaiun とほぼ同じですが、受け付けたメソッドが POST に変わります。

```
$ curl localhost:8080/sake/isojiman -X POST
{
  "serverName": "restify",
  "httpVersion": "1.1",
  "httpMethod": "POST",                          // POSTになった
  "requestURI": "/sake/isojiman",
  "connection": "::ffff:127.0.0.1:55399",
  "message": "Drink me."
}
```

HTTP メソッドを指定するには -X（--request）オプションを用います。デフォルトは GET です。POST や PUT のように送信データがあるメソッドでは -d（--data）オプションからデータを指定します。ここでの用法のように -d が未指定なら、デフォルトで空文字が送信されます。

エンドポイント /sake/kaiun には GET しか定義されていないので、それ以外のメソッドにアクセスを試みると「405 Method Not Allowed」が返されます。コードで明示的にトラップを入れずとも、Restify が適切なエラーメッセージを自動的に送出してくれます。

```
$ curl -i localhost:8080/sake/kaiun -X PUT
HTTP/1.1 405 Method Not Allowed
Server: restify
Allow: GET
Content-Type: application/json
Content-Length: 58
Date: Fri, 05 Jan 2024 20:42:47 GMT
Connection: keep-alive
Keep-Alive: timeout=5

{
  "code": "MethodNotAllowed",
  "message": "PUT is not allowed"
}
```

Allow レスポンスヘッダには、このエンドポイントに使えるメソッド名が示されます。ここでは GET だけですが、複数あるときはカンマ , 区切りで列挙されます。

定義されていないエンドポイント、たとえば /sake/hananomai にアクセスすると、サーバは「404 Not Found」メッセージを応答します。これも、Restify のデフォルト動作です。

```
$ curl -i localhost:8080/sake/hananomai
HTTP/1.1 404 Not Found
Server: restify
Content-Type: application/json
Content-Length: 70
Date: Fri, 05 Jan 2024 20:53:53 GMT
Connection: keep-alive
Keep-Alive: timeout=5

{
  "code": "ResourceNotFound",
  "message": "/sake/hananomai does not exist"
}
```

サーバは、実行中のコンソールから `Ctrl-C` を押下すれば終了します。

■ 非推奨化警告

Restify を `require()` から読み込むと（コード 1 行目）、使用している Node.js と Restify のバージョンの組み合わせによっては、非推奨化警告が報告されます。次に示すのは、Node.js 20.0 と Restify 11.1 のペアからのものです。

```
(node:8904) [DEP0111]
DeprecationWarning: Access to process.binding('http_parser') is deprecated.
(Use `node --trace-deprecation ...` to show where the warning was created)
```

これは、HTTP/2 が正式な標準として採用されたのにともなって非推奨化された SPDY のモジュールから来ています。SPDY は利用しませんし、警告だけなので問題はありません。メッセージが邪魔なら、Node.js 実行時に `--no-deprecation` コマンドラインオプションを指定します。

```
$ node --no-deprecation rest-http.js
```

ファイル先頭のハッシュバンで `/usr/bin/env` を介して `node` を呼び出しているなら、次のように書きます。

```
#!/usr/bin/env -S node --no-deprecation
```

HTTP サーバ構築

以下、順にコードを説明していきます。

当然ながら、最初にまず Restify モジュールを読み込みます（1 行目）。

```
1 const restify = require('restify');
```

Restify を用いて HTTP サーバを構築するには、restify.createServer() メソッドを使います（17 行目）。

```
17 let server = restify.createServer();
```

このメソッドは Server オブジェクトを返します。

引数には各種のプロパティを設定できますが、普通に使うものは name くらいです。このオプションプロパティの値は、6 行目のクライアントへのレスポンスボディに書き込んでいる server.name で参照されるサーバ名文字列です。デフォルトは出力例で見たように、restify です。変更するには、次の要領で上書きします。

```
17 let server = restify.createServer({name: 'MyREST Server'});
```

Server.name の文字列はレスポンスヘッダの Server フィールドにも現れます。

Server の基幹部分は Node.js の http.Server クラスと同じものです。Server には server プロパティがあり、そこにネイティブの http.Server の情報が収容されています。ネットワーク関連の設定を変更するのなら、そちらを操作します。たとえば、リクエスト受け付けのタイムアウト時間は http.Server.requestTimeout から設定します。デフォルト値はどの設定でも http.Server と同じなので、詳細は Node.js のドキュメントを参照してください。

待ち受け

restify.createServer() はソケットを用意するだけです。このソケットにサーバの IP アドレスと TCP ポートを結び付け（bind する）、実際にクライアントの待ち受けを開始するには、Server.listen() メソッドを使います（18 ～ 21 行目）。

```
18 server.listen(8080, function () {
19   console.log('Listening on', server.url);
```

```
20    console.log('Association', server.address());
21  });
```

第 1 引数には、ポート番号を整数値から指定します。HTTP のウェルノウンポートは 80 番ですが、利用には管理者権限が必要です。ユーザレベルのポートには、伝統的に 8080 番が用いられます。第 1 引数が未指定、または 0 が指定されたときは、OS が適当で未使用な番号を決定します。

第 2 引数には、待ち受ける IP アドレスあるいはホスト名を文字列から指定します。18 行目の用法のように指定がなければ、デフォルトで不定アドレス（:: または 0.0.0.0）が用いられます。前述のように、不定アドレスのときはそのホストシステムのすべてのネットワークインタフェースのすべてのアドレスで待ち受けます。

オプションの第 3 引数には、Server オブジェクトに listening イベントが上がってきたときに実行するコールバック関数を指定します。ここでは、console.log() を含んだ無名関数を定義しています。

listening イベントは、サーバがクライアントの接続を受け付けられる状態になると上がってきます。ここでは、そのタイミングで。サーバの待ち受け URL を Server.url プロパティから、サーバ側のソケットアソシエーションを Server.address() メソッドから、それぞれ印字しています（19 ～ 20 行目）。これらプロパティは、ソケットに IP アドレスとポート番号が結び付けられるまで、つまり listening が上がるまでは未定義です。

ソケットアソシエーションは、クライアントとサーバの間の通信路の両端のソケットを識別するのに必要な情報の組である（サーバ側アドレス、サーバ側ポート、プロトコル、クライアント側アドレス、クライアント側ポート）を指します。server.address() はこのうち最初の 3 点を印字します（クライアントが接続してこないオープンな状態では後者 2 点は未定なので）。

listening イベント発生時の処理は、次のように Server.on() からも登録できます。

```
server.on('listening', function() { ... });
```

Server.listen() は Node.js ネイティブの HTTP モジュールの http.Server.listen() あるいはその親クラスの net.Server.listen() と等価なので、詳しくは Node.js ドキュメントを参照してください。

■ ルーティング

サーバオブジェクトを生成したら、ルーティングの設定をします。

```
22 server.get('/sake/kaiun', respond);
23 server.post('/sake/isojiman', respond);
```

22 行目が GET /sake/kaiun の、23 行目が POST /sake/isojiman の設定です。サーバにはこのように HTTP メソッド名と「ほぼ」一致するルーティング設定メソッドが用意されています。

これらメソッドはいずれも第 1 引数にエンドポイント（URL のパス部分）を、第 2 引数に処理関数を取ります。

■ HTTP メソッド

それぞれの HTTP のメソッドに対する Server のルーティング設定メソッドと REST における意味を、次の表にまとめて示します。

HTTP メソッド	Server メソッド	操作
GET	Server.get()	リソースの取得。
HEAD	Server.head()	HTTP レスポンスヘッダのみ取得。
POST	Server.post()	新規にリソースを作成。
PUT	Server.put()	既存のリソースをまるごと更新（全フィールドの情報が必要）。
PATCH	Server.patch()	既存リソースの一部更新。
DELETE	Server.del()	既存リソースの削除。
OPTIONS	Server.opts()	リソースに対する利用可能なメソッドの問い合わせ。

メソッドの機能は実装依存なものが多いため、上記とは微妙に異なる定義をしているサービスやシステムもあります。あまり突き詰めず、ガイドラインくらいに考えてください。

DELETE と OPTIONS だけは、HTTP メソッドと関数名が異なるので注意してください。

HTTP/1.1 から 3 までの共通仕様である「RFC 9110: HTTP Semantics」の第 9 章には GET、HEAD、POST、PUT、DELETE が定義されています。次の URL から閲覧できます。

https://www.rfc-editor.org/info/rfc9110

PATCH は追加の仕様で定義されており、メインの HTTP の仕様の一部ではありません。つまり、一般的な Web サーバにはなくてもよいのですが、REST で部分更新ができないのは不都合なので、REST サーバにはまず用意されています。PATCH の仕様については、次に URL を示す「RFC 5789:

PATCH Method for HTTP」を参照してください。

https://www.rfc-editor.org/info/rfc5789

あまり使われないものの、Microsoft や SAP 方面でときおり目にする MERGE メソッドは、たいていはほぼ PATCH と同じ扱いと考えられています。アプリケーション層プロトコルとして HTTP の一部ではなく、WebDAV（Web Distributed Authoring and Versioning）の仕様（RFC 3253）なので、無理に対応する必要はありません。Restify も、MERGE のルーティング設定メソッドは用意していません。

Node.js ネイティブの HTTP モジュールはもっと懐が広く、その METHODS 定数配列には MERGE などいろいろなメソッドが収容されています。Node.js のインタラクティブモード（REPL）から確認します。

```
> require('node:http').METHODS
[
  'ACL',         'BIND',       'CHECKOUT',    'CONNECT',     'COPY',
  'DELETE',      'GET',        'HEAD',        'LINK',        'LOCK',
  'M-SEARCH',    'MERGE',      'MKACTIVITY',  'MKCALENDAR',  'MKCOL',
  'MOVE',        'NOTIFY',     'OPTIONS',     'PATCH',       'POST',
  'PROPFIND',    'PROPPATCH',  'PURGE',       'PUT',         'REBIND',
  'REPORT',      'SEARCH',     'SOURCE',      'SUBSCRIBE',   'TRACE',
  'UNBIND',      'UNLINK',     'UNLOCK',      'UNSUBSCRIBE'
]
```

全部で 34 個あります。ちなみに、インターネット（IETF）が現在定義している HTTP メソッドは全部で 38 個です。リストは、次に URL を示す IANA の「Hypertext Transfer Protocol (HTTP) Method Registry」から確認できます。

https://www.iana.org/assignments/http-methods/http-methods.xhtml

ちなみに、Restify の兄貴分にあたる Express.js には、任意のメソッドと指定のエンドポイントのルーティングを構成する app.all() メソッドがありますが、Restify にはありません。

ルーティング処理関数

Serverのルーティング設定メソッドの第2引数に指定する処理関数（ハンドラ）には、2つのオブジェクトと関数が引き渡されます（4行目）。

```
 4 function respond(req, res, next) {
 5   res.send({
 6     serverName: server.name,
 7     httpVersion: req.httpVersion,
 8     httpMethod: req.method,
 9     requestURI: req.url,
10     connection: `${req.socket.remoteAddress}:${req.socket.remotePort}`,
11     message: 'Drink me.'
12   });
13   return next();
   ⋮
22 server.get('/sake/kaiun', respond);
23 server.post('/sake/isojiman', respond);
```

第1引数reqはNode.jsネイティブのhttp.IncomingMessageオブジェクトで、クライアントからのHTTPメッセージを収容しています。リクエストヘッダやペイロードデータはここからアクセスできます。主要なプロパティを次の表に示します。2列目に示したのは、本節のコードでの登場箇所（行番号）です。

プロパティ	登場箇所	意味
headers	--	リクエストヘッダをオブジェクト形式で表現したもの。
httpVersion	7行目	リクエストされたHTTPのバージョン。
method	8行目	リクエストされたHTTPメソッド。大文字表記。
socket	10行目	メッセージを受信したソケットのオブジェクト。
url	9行目	エンドポイント（パス部分のみ）。

http.IncomingMessage.socketはサーバのソケットを表現するnet.Socketオブジェクトです。そのプロパティであるremoteAddressプロパティ（10行目）にはクライアントのIPアドレスが収容されています。実行例からわかるように、ここではIPv4射影アドレスが収容されていました。remotePortはクライアントが使っているポート番号です。

ソケットには、他にもいろいろなプロパティがあります。詳しくはNode.jsドキュメントを参照してください。

■ レスポンス返信

処理関数の第２引数 res は Node.js の http.ServerResponse オブジェクトです。こちらは、サーバからクライアントに返す HTTP メッセージを表現しています。

オリジナルの HTTP モジュールにおけるレスポンス送信は 1) res.writeHead() によるヘッダの送信、2) res.write() によるボディの送信、3) res.end() による明示的な送信終了、の３ステップを必要としましたが、Restify ではこれらはまとめて res.send() メソッドで行えます（5～12 行目)。

res.send() メソッドの第１引数には HTTP ステータスコードを整数値で示しますが、これはオプションです。指定がなければ「200 OK」が返されます。

第２引数はメッセージボディです。引数が受け付けるデータ型や挙動はいろいろ変えられますが、デフォルトでは JSON.stringify() が変換できるデータならたいていなんでも受け付け、JSON に変換されて送信されます。Node.js の Buffer も受け付けますが、これは独自の JSON 形式に変換されます。Error オブジェクトも指定でき、そのときは「500 Internal Server」メッセージが返信されます。

rest.send() のメディア変換機能の詳細は、4.4 節で説明します。

■ 明示的なチェーン操作

処理関数の第３引数の next は関数です。ルーティング処理は A → B → C のように連鎖的に行われます（ハンドラチェーン)。そして、次のステップへの移動は、この next() を呼び出すことによってのみ、明示的に行われます。したがって、ルーティングの処理が１つだけしかなくても、処理関数の最後では必ず next() を呼び出す必要があります（13 行目)。

```
13    return next();
```

next() 関数の引数には通常、なにも指定しません。指定するのは、エラーで中断するときだけです。具体的な用法は 1.5 節で扱います。

後述するプラグインも含めて各種の処理関数がどのような順序で発動するかについては、6.4 節を参照してください。

1.2 エンドポイントの記述方法

目的

ルーティング設定時のエンドポイントは、正規表現やルートパラメータ（route parameter）と呼ばれるより柔軟な方法でも記述できます。本節ではこのルートパラメータの用法を説明します。

設定するルーティングは次のものとします。

- GET /sake/isojiman … /sake/isojiman にしかマッチしない固定文字列。
- GET /sake/:name … /sake/xxxx ならなんにでもマッチするルートパラメータ記法。
- GET /wine/* … /wine/xxxx ならなんにでもマッチするワイルドカード。

本節ではまた、1つのエンドポイントに複数の処理関数を設定します。複数のエンドポイントに共通した処理と個々に異なる関数を分けられるので、コードをより構造化できます。

HTTP のバージョンは前節と同じく 1.1 で、TLS/SSL 暗号化なしのプレーンテキスト版です。

コード

3 種類のエンドポイントへの GET リクエストに対応した REST サーバのコードを次に示します。

リスト 1.2 ● rest-endpoint.js

```
1  const restify = require('restify');
2
3
4  function respond(req, res, next) {
5    res.writeHead(200, {
6      'Content-Type': 'text/plain; charset="UTF-8"'
7    });
8    res.write(JSON.stringify(req.params) + '\n');
9    return next();
10 }
11
12
13 function patternStatic(req, res, next) {
14   res.end('固定文字列');
15   return next();
16 }
```

```
17 function patternWild(req, res, next) {
18   res.end('ワイルドカード');
19   return next();
20 }
21 function patternParam(req, res, next) {
22   res.end('ルートパラメータ');
23   return next();
24 }
25
26 let server = restify.createServer();
27 server.get('/wine/*',          [respond, patternWild]);
28 server.get('/sake/:name',      [respond, patternParam]);
29 server.get('/sake/isojiman', [respond, patternStatic]);
30 server.listen(8080);
31 console.log(server.router.getRoutes());
```

■ 実行例

実行例を示します。

サーバを起動すると、ルーティング情報が３つ表示されます。これについては、あとでもう少し詳しく説明します。

```
$ node rest-endpoint.js
{
  getwine: {
    name: 'getwine',
    method: 'GET',
    path: '/wine/*',
    spec: { path: '/wine/*', method: 'GET' },
    chain: Chain {
      onceNext: false,
      strictNext: false,
      _stack: [Array],
      _once: [Function]
    }
  },
  getsakename: {
    name: 'getsakename',
    method: 'GET',
    path: '/sake/:name',
```

```
    ⋮
  },
  getsakeisojiman: {
    name: 'getsakeisojiman',
    method: 'GET',
    path: '/sake/isojiman',
    ⋮
}
```

クライアントから GET /sake/kaiun を試します。これはルートパラメータ表記の /sake/:name にマッチします。

```
$ curl http://localhost:8080/sake/kaiun
{"name":"kaiun"}
ルートパラメータ
```

3つのルーティングに共通した処理関数の respond() は、選択したルーティングに関する情報をレスポンスの JSON に示します（コード8行目）。ルートパラメータ表記のときは、その変数名（name）とマッチする文字列（kaiun）をオブジェクトの形で表示します。そのあと、個別処理の関数 patternParam() が文字列「ルートパラメータ」をボディに加えます。

続いて、GET /sake/isojiman からアクセスします。ルーティングが固定文字列のときは選択情報は自明なので、空オブジェクト {} が示されます。

```
$ curl http://localhost:8080/sake/isojiman
{}
固定文字列
```

最後に、ワイルドカード /wine/* にマッチする GET /wine/fujisan を試します。

```
$ curl http://localhost:8080/wine/fujisan
{"*":"nfujisan"}
```

プロパティキーが文字 * なところ以外、ルートパラメータと変わりはりません。

■ エンドポイントの指定方法

本節では 3 つのルーティングを設定しています（27 ～ 29 行目）。

```
27 server.get('/wine/*',         [respond, patternWild]);
28 server.get('/sake/:name',     [respond, patternParam]);
29 server.get('/sake/isojiman', [respond, patternStatic]);
```

29 行目では、エンドポイントを /sake/isojiman という固定文字列で設定しています。リクエスト URL のパスが先頭から末尾までこれに一致しなければ、このルーティングは選択されません。

28 行目では、エンドポイントを /sake/:name で表現しています。パスのトップレベルは固定文字列でも、続く部分パス（セグメント）は :name という任意の文字列を受け付けるルートパラメータです。マッチすれば、その情報が処理関数に引き渡される (req, res, next) の req オブジェクト（http.IncomingMessage）に収容されます。具体的には params プロパティが加えられ、そこにルートパラメータ名からコロン : を抜いた文字列をキー、マッチした文字列を値にしたオブジェクトが値として収容されます。先の実施例では、req.params = {name: 'kaiun'} です。

ここでは、この req.params を共通処理関数の respond() で文字列に直してからレスポンスボディに書き込んでいます（8 行目）。

```
8    res.write(JSON.stringify(req.params) + '\n');
```

ルートパラメータは固定文字列と組み合わせることもでき、たとえば、/sake/:base.png は /sake/xxx.png という拡張子を持つ画像ファイルにマッチします。

複数を組み合わせることができます。たとえば、/:dir/:file は /xxx/yyy にマッチし、req.params には {dir: 'xxx', file: 'yyy'} が収容されます。スラッシュの間（セグメント）に複数のルートパラメータがあってもよく、たとえば /sake/:prefix-:root は /sake/shidaizumi-nyancup などにマッチします。

ルートパラメータ名では、次の URL の予約済み文字以外ならどんな文字でも利用できます。

```
":"   "/"   "?"   "#"   "["   "]"   "@"   "!"   "$"
"&"   "'"   "("   ")"   "*"   "+"   ","   ";"   "="
```

URL 文字列の構成は、次の URL の「RFC 3986: Uniform Resource Identifier (URI): Generic Syntax」で規定されています。

https://www.rfc-editor.org/info/rfc3986

予約済み文字は2.2節で説明されています。タイトルにある「URI」とURLは、同じものと考えてかまいません。URLとURNをまとめてURIというのですが、URNを使う人はめったにいないので、仕様原理主義者でもなければURI = URLでよいのです。

27行目では、ワイルドカードを使って/wine/*を設定しています。これは/wine/xxxxなら、なんにもでマッチします。そして、マッチした文字列は、ルートパラメータ表記と同じようにreq.paramsに{'*': 'xxxx'}のように収容されます。

ワイルドカードと文字列を組み合わせて/sake/fuji*といった記述もできますが、*は文字列末尾にしか使えないという制約があります。

■ エンドポイントの優先順位

ルートパラメータやワイルドカードなどの不定形な表記は、こじれると同じエンドポイントを複数定義する危険性があります。たとえば、/sake/:name、/sake/*、/sake/isojimanというルーティングはすべて/sake/isojimanにマッチします。このとき、どのルーティングを選択するかは、次の優先順位から決定されます。

1. 固定文字列（/sake/isojimanなど）
2. 先頭がルートパラメータ表記で、末尾が固定文字列（/sake/:img.pngなど）
3. 複数のルートパラメータ表記あるいは正規表現（/sake/:img.:extなど）
4. パラメータ表記1つだけ（/sake/:name）
5. ワイルドカード（/*）

より厳密なネーミングが優先されると覚えておけばよいでしょう。

Restifyはfind-my-wayという外部パッケージを介してルーティングを管理しているので、設定可能な表記や挙動はそちらに依拠します（Restifyバージョン7以降）。詳細は次のURLから調べられます。

```
https://github.com/delvedor/find-my-way
```

RestifyのマニュアルはルーティングのエンドポイントにF正規表現を利用できると書いていますが、JavaScriptのRegExpがサポートしている記法ならなんでも受け付けるわけではありません。詳細はfind-my-wayから確認してください。

複数の処理関数

本節では、それぞれのルーティングで複数の処理関数を設定しています（27 ～ 29 行目）。複数の処理関数を（エンドポイント，メソッド）に関連付けるには、配列 [] を用います。

```
27 server.get('/wine*',          [respond, patternWild]);
28 server.get('/sake/:name',     [respond, patternParam]);
29 server.get('/sake/isojiman', [respond, patternStatic]);
```

ここでは、3 つのエンドポイントに共通の操作である respond() とエンドポイント別の処理の関数を設定しています。処理は、配列に記述した順に行われます。つまり、respond → patternXxxx の順です。

処理関数はいくつあっても、そのシグニチャは (req, res, next) です。そして、それぞれの末尾で必ず next() を呼ばなければなりません。29 行目の固定文字列のケースだと次のようになっています。

```
 4 function respond(req, res, next) {      // 共通関数
     ⋮
 9   return next();                        // 必須
10 }
11
12
13 function patternStatic(req, res, next) {
     ⋮
15   return next();
16 }
```

next() がなければ、その時点でサーバが固着します。たとえば、9 行目の next() を除くと、次の patternStatic() には進みません。クライアント側も 5 ～ 8 行目のメッセージを受け取りますが、続きがあると思って待ち続けます。そして、そのうちサーバかクライアントが通信タイムアウトして、セッションが強制的に閉じられます。

あとで説明するプラグイン（Server.pre() や Server.use() から導入する）も含めた処理関数の呼び出し順序は、6.4 節で説明しています。

ネイティブメソッドによるレスポンスの送信

複数の処理関数を用意し、それぞれからレスポンスボディを生成するときは、前節のres.send()が使えません。

Node.js HTTPモジュールでは、レスポンスを送信するときはres.writeHead()、res.write()、res.end()を使います。res.writeHead()はレスポンスヘッダを、res.write()はレスポンスボディをそれぞれ書き出します。res.write()は何度呼び出してもかまいません。呼び出されるたびにチャンク形式で送信されます（Transfer-Encoding: chunked）。レスポンス送信完了は、res.end()で明示的に示されます。

res.send()はRestifyが独自に用意した、これら3つのメソッドをひとまとめにしたコンビニエンス関数です。呼び出せば、自動的にres.end()が呼び出され、送信操作が完了します。以降、メッセージは送信できません（無理にres.send()あるいはres.write()を呼び出すとエラーが上がる）。

本節のコードが、Node.jsネイティブのメソッドを使っているのは、respond()とpatternXxxx()のどちらからもレスポンスボディをセットしたかったからです。

```
 4 function respond(req, res, next) {
 5   res.writeHead(200, {
 6     'Content-Type': 'text/plain; charset="UTF-8"'
 7   });
 8   res.write(JSON.stringify(req.params));
    ⋮
13 function patternStatic(req, res, next) {
14   res.end('固定文字列');
    ⋮
```

1.1節では自動的に付与されたContent-Type: application/jsonレスポンスヘッダも、res.send()を使わないと加わりません。Node.jsネイティブのHTTPモジュールのデフォルトにはContent-Typeが含まれていないので、メディア種別を明示したいときは自力で指定しなければなりません。ここではContent-Type: text/plainを指定しています（6行目）。

ネイティブメソッドはまた、JavaScriptオブジェクトを自動的にJSONテキストに変換したりもしません。8行目をres.write(req.params)と書くとエラーになります。res.write()が引数に受け付けるのはstring、Buffer、Uint8Arrayだけで、オブジェクトが指定できないからです。8行目でJSON.stringify()で明示的にJSONテキストに変換しているのはそのためです。

Node.jsネイティブのHTTPモジュールの用法は第7章で説明しているので、参考にしてください。

■ ルーティング情報

Server.get() などで設定したルーティング情報は、Server オブジェクトの router オブジェクトに収容されます。このオブジェクトの getRouters() メソッドは、すべてのルーティング情報をオブジェクトの形式で返します（31 行目）。

```
31  console.log(server.router.getRoutes());
```

この出力が、実行例の冒頭で示したものです。いろいろなプロパティがありますが、必要なのは method と path くらいです。したがって、31 行目は次のように書き換えたほうが読みやすくなります。

```
31  console.log(Object.values(server.router.getRoutes()).map(
                    r => `${r.method} ${r.path}`).join('\n'));
```

出力を示します。

```
GET /wine/*
GET /sake/:name
GET /sake/isojiman
```

■ 日本語エンドポイント

URL に日本語文字を使いたいこともあります。REST ではありませんが、次のように和文の書籍名と著者名をそのまま URL に使う amazon.co.jp のようなサイトもあります。漢字など、そのままでは URL で使えない文字はパーセントエンコーディングするだけです。

```
https://www.amazon.co.jp/%E8%A9%B3%E8%AA%ACNode-js%E2%80%95API%E3%83%AA%E3%83
%95%E3%82%A1%E3%83%AC%E3%83%B3%E3%82%B9%E3%81%A8%E7%94%A8%E4%BE%8B-%E8%B1%8A
%E6%B2%A2-%E8%81%A1/dp/4877834893
```

パーセントエンコーディングは RFC 3986 で定義されています。

Restify でも、エンドポイントに日本語文字が使えます。試しに、29 行目の /sake/isojiman を /sake/ 杉錦に置き換えます。

```
29  server.get('/sake/杉錦', [respond, patternStatic]);
```

サーバ起動時に出力されるルーティング情報から、正常に登録されたことがわかります。

```
getsake: {
  name: 'getsake',
  method: 'GET',
  path: '/sake/杉錦',
  spec: { path: '/sake/杉錦', method: 'GET' },
  chain: Chain {
    onceNext: false,
    strictNext: false,
    _stack: [Array],
    _once: [Function]
  }
}
```

ブラウザなら、URL フィールドに「杉錦」を直接入力することでアクセスできます。日本語文字列を自動的にパーセントエンコーディングしてくれるからです。

localhost:8080/sake/杉錦

{}
固定文字列

curl はそこまでサービスがよくないので、encodeURI() メソッドから自力でエンコードします。Node.js のインタラクティブモード（REPL）から実行します。

```
> encodeURI('/sake/杉錦')
'/sake/%E6%9D%89%E9%8C%A6'
```

これをそのままコピー & ペーストすればアクセスができます。

```
$ curl http://localhost:8080/sake/%E6%9D%89%E9%8C%A6
{}
固定文字列
```

直接的に /sake/ 杉錦を指定すると、「杉錦」はそのままの文字列として解釈されるので（% の付かない E6 9D 89 E9 8C A6)、/sake/:name にマッチします。当然ながら、無理に印字すると文字化けします。

```
$ curl http://localhost:8080/sake/杉錦
{"name":"æ\u9d\u89é\u8c¦"}              // 化けている
ルートパラメータ
```

1.3 パスの整形

■ 目的

URL のパス部分のスラッシュ / が重なっているようなら、ルーティングが発生する前にそれを整形します。また、パス末尾が / ならばそれを取り除きます。たとえば、/foo////bar/// を /foo/bar に変換します。

これは重要な機能です。たとえば /sake と /sake/ は文字列として異なるので、そのままでは異なるパスとして扱われます。これらを実行的に同じものとして扱うには、同じ処理関数を持つ 2 つのルーティングを用意しなければなりません。しかし、それは面倒ですし、間違いのもとです。そこで、Restify に自動で整形させせます。

パス文字列の整形は、ルーティングが選択される前でなければなりません。Server.get() の処理関数の中では、もうルーティングは決定されたあとなので、遅すぎます。

ルーティング処理関数が発動する前に実行される関数をセットするには、Server.pre() を使います。引数には、Server.get() のように関数を指定します。Restify はこうした関数をプラグインと呼んでいます（他所ではミドルウェアと呼ぶようです）

Restify の処理順序（ハンドラチェーン）およびプラグインについては 6.4 節で説明したので、そちらを参照してください。

■ コード

パスのスラッシュを整理してからルーティングを決定する REST サーバのコードを次に示します。

リスト 1.3 ● rest-sanitize.js

```
1 const restify = require('restify');
2
```

```
3
4 function respond(req, res, next) {
5   res.send({
6     url: req.url
7   });
8   return next();
9 }
10
11
12 let server = restify.createServer();
13 if (process.argv[2] == '-s')
14   server.pre(restify.plugins.pre.sanitizePath());
15 server.get('/sake', respond);
16 server.listen(8080);
```

■ 実行例

引数に -s を指定して実行すると、パス整形のルーチン（後述の sanitizePath プラグイン）が導入されます。まずは、整形なしで実行します。

```
$ node rest-sanitize.js                    // 整形なし
```

クライアントからアクセスします。/sake は 15 行目で明示的にルーティングを設定しているので 6 行目の応答が返ってきますが、/sake/ は存在しないので、「404 Not Found」です。

```
$ curl localhost:8080/sake                 // ルーティングあり
{"url":"/sake"}

$ curl localhost:8080/sake/                // ルーティングなし
{"code":"ResourceNotFound","message":"/sake/ does not exist"}
```

今度は整形ありで実行します。

```
$ node rest-sanitize.js -s                 // 整形あり
```

今度は、末尾にスラッシュがあっても取り除かれるので、http.IncomingMessage.url はどちらも /sake に変換されます。

```
$ curl localhost:8080/sake                    // ルーティングあり
{"url":"/sake"}

$ curl localhost:8080/sake/                   // スラッシュが抜かれる
{"url":"/sake"}
```

■ プラグインの利用

Server.pre() メソッドは、Server.get() などが設定した処理関数が起動する前に動作する関数をハンドラチェーンに組み込みます（14 行目）。ここで用いている sanitizePath() は / を整理するだけの非常にシンプルものです。

```
14    server.pre(restify.plugins.pre.sanitizePath());
```

Server.pre() 用プラグインは restify.plugins.pre の配下に用意されています。現在定義されている関数は 7 つあります。これらの API は Restify ドキュメントの「Plugins API」に示されています（6.3 節参照）。

Server.pre() の引数には関数を指定します。14 行目が sanitizePath() と関数呼び出しになっているのは、この関数が関数を返すからです。

Server.pre() には自作の関数も指定できます。インタフェースは Server.get() と同じシグニチャで (req, res, next) です。プラグインの自作方法は、2.1 節で説明します。

1.4 クエリ文字列の解析

■ 目的

クエリ文字列からレスポンスデータをフィルタリングする REST サーバを作成します。

このサーバは GET /sake リクエストに対し、次のすべて JSON テキスト（オブジェクトの配列）を返信します。

```
[
  {
    "name": "isojiman",
```

```
    "company": "磯自慢酒造",
    "location": "静岡県焼津市",
    "url": "http://www.isojiman-sake.jp/"
  },
  {
    "name": "kaiun",
    "company": "土井酒造場",
    "location": "静岡県掛川市",
    "phone": "0537-74-2006"
  },
  {
    "name": "shidaizumi",
    "company": "志太泉酒造",
    "location": "静岡県藤枝市"
  }
]
```

クエリ文字列で name=xxxx が指定されたら、上記オブジェクトの name プロパティの該当するオブジェクトだけをフィルタリングして返信します。たとえば、GET /sake?name=isojiman は最初のオブジェクトだけを返します。他のプロパティ名も ?company= 土井酒造場のように指定できます。

サーバは、起動するとこの JSON テキストを収容したファイルを読み込みます。ファイルはコードの置かれたディレクトリ（__dirname）から見て ./data/sake.json にあるとします。ファイルの読み込みには Node.js の File System モジュールの fs.readFileSync() を用います。

クエリ文字列は queryParser() プラグインから解析します。個々の処理関数が発動する前に実行させたいプラグインは、Server.use() メソッドからハンドラチェーンに組み込みます。

■ コード

クエリ文字列からレスポンスデータのフィルタリングをする REST サーバのコードを次に示します。

リスト 1.4 ● rest-query.js

```
1 const fs = require('node:fs');
2 const path = require('node:path');
3 const restify = require('restify');
4 
5 const dataFile = path.join(__dirname, './data/sake.json');
6 
7 let text = fs.readFileSync(dataFile, {encoding: 'utf-8'});
```

```
 8 let data = JSON.parse(text);
 9
10
11 function findObjects(queryString) {
12   let entries = Object.entries(queryString);
13   if (entries.length == 0)
14     return data
15
16   let [key, value] = entries[0];
17   console.log(queryString, `=> ${key}, ${value}`);
18
19   let found = data.filter(function(obj) {
20     return obj[key] === value;
21   });
22   return found;
23 }
24
25 function respond(req, res, next) {
26   let found = findObjects(req.query);
27   res.send(found);
28   return next();
29 }
30
31
32 let server = restify.createServer();
33 server.use(restify.plugins.queryParser());
34 server.get('/sake', respond);
35 server.listen(8080);
```

実行例

最初に、クエリ文字列なしで GET /sake を実行します。冒頭で示した 3 つのオブジェクトを含んだ配列が返ってくるので、出力は途中割愛します。

```
$ curl http://localhost:8080/sake
[
  {
    "name": "isojiman",
    "company": "磯自慢酒造",
    "location": "静岡県焼津市",
```

```
    "url": "http://www.isojiman-sake.jp/"
  },
  ⋮
]
```

続いては、?name=isojiman を加えたときです。

```
$ curl http://localhost:8080/sake?name=isojiman
[
  {
    "name": "isojiman",
    "company": "磯自慢酒造",
    "location": "静岡県焼津市",
    "url": "http://www.isojiman-sake.jp/"
  }
]
```

もとの3要素の配列に対して Array.filter() で key: value が一致するオブジェクトを選択しているだけなので、1要素の配列で表現されます。

?location=静岡県掛川市もできますが、日本語文字部分はパーセントエンコーディングしなければなりません。Unix なら、コマンド実行結果（この場合は Node.js の encodeURI() の出力）をそのまま別のコマンドに埋め込むテクニックが使えます（command substitution）。

```
$ curl localhost:8080/sake?location=`node -p 'encodeURI("静岡県掛川市")'`
[
  {
    "name": "kaiun",
    "company": "土井酒造場",
    "location": "静岡県掛川市",
    "phone": "0537-74-2006"
  }
]
```

作り込んでいないので、& を介して複数のクエリ文字列を指定しても、最初のもの以外は無視します（コード 16 行目の [0]）。次の例では、company が志太泉酒造で name が kaiun のオブジェクトを検索していますが（2つの条件を同時に満たすオブジェクトはここにはない）、後者は無視され、志太泉のデータが表示されます。

```
$ curl localhost:8080/sake?company=$(node -p 'encodeURI("志太泉酒造")')\&name=kaiun
[
  {
    "name": "shidaizumi",
    "company": "志太泉酒造",
    "location": "静岡県藤枝市"
  }
]
```

Unix シェルではアンパサント & は特殊記号なのでエスケープする、あるいは単一引用符 ' でくくります。

データストアの読み込み

ファイルの読み込みには Node.js File System モジュールの fs.readFileSync() メソッドを用います（7 行目）。

```
1  const fs = require('node:fs');
     ⋮
7  let text = fs.readFileSync(dataFile, {encoding: 'utf-8'});
```

このメソッドは、名称末尾が示すとおり同期的（sync）に処理を行うので、ファイルの読み込みが完了するまでそこで停止します。ファイル読み込みにはこれに加えて非同期型と Promise 型（fs.readFile() と fs.proimise.readFile()）の計 3 種類がありますが、いずれもデフォルトでは読み込んだデータを Buffer オブジェクトとして返します。文字列を返させるなら、オプションの第 2 引数にオブジェクト形式で encoding プロパティを指定します。

ファイルパスは実行中の Node モジュールの所在を示す __dirname と、そこからの相対パス ./data/sake.json を組み合わせることで得られます（5 行目）。パス同士を連結して新しいパスを生成するには、Path モジュールの join() メソッドです。

```
2  const path = require('node:path');
     ⋮
5  const dataFile = path.join(__dirname, './data/sake.json');
```

読み込んだデータは JSON テキストなので、JSON.parse() から JavaScript オブジェクトに変換します（8 行目）。

```
8  let data = JSON.parse(text);
```

■ プラグインの利用

URL文字列からクエリ文字列を分離、分解するには、Restifyが用意したqueryParser()プラグインを使います。これを処理メカニズムに組み込むには、Serverオブジェクトのuse()メソッドを使います（34行目）。use()で指定できるプラグインはrestify.pluginsに収容されています。

```
33  let server = restify.createServer();
34  server.use(restify.plugins.queryParser());
35  server.get('/sake', respond);
```

Server.use()はServer.get()などのルーティング指示よりも先に記述しなければなりません。（ここでは1つだけですが）複数が登録されているときは、プラグインは登録された順に実行されます。

前節のServer.pre()プラグインやルーティングのハンドラも含めて、これら処理関数の処理順序はpre > use > get（あるいはpostなど）です。プラグインはreqに収容されたプロパティを変更するので、無操作のままのデータがルーティングのハンドラで必要なら、変更前にデータをどこかに退避しておかなければなりません。処理順序は6.4節で詳しく説明したので、そちらを参照してください。

queryParser()を組み込むと、以降、分解後のクエリ文字列を収容したreq.queryプロパティが利用可能になります。プロパティ値はオブジェクトで、?key=valueのキーをプロパティ名に、値をプロパティ値にしたプロパティを収容しています。&でクエリが連結されているときは、その数だけプロパティが収容されます。

実行例の?company=$(node -p 'encodeURI("志太泉酒造")')\&name=kaiunのreq.queryは次のようになります。

```
{ company: '志太泉酒造', name: 'kaiun' }
```

送信時にパーセントエンコーディングされたURLは、reqに届いたときにはデコードされています。デコード後のクエリ文字列（11行目のqueryString）とそこから抽出された先頭のキーと値はデバッグ用に17行目で表示しています。

あとは、これまでのコードと同じです。11 ～ 23 行目はクエリ文字列から該当するオブジェクトを探していますが、JavaScript の標準的な機能を使っているだけです。

1.5 POST ボディの処理

目的

POST データを受け取り、内部のデータストアにこれを追加する REST サーバを作成します。

データは前節と同じ ./data/sake.json です。今度は、それぞれの name プロパティ値をリソース名とすることで、GET /sake/:name から指定のオブジェクトを取得するようにします。

リソースが存在しなければ、「404 Not Found」を返します。400 あるいは 500 番台のレスポンスには、Restify のエラーオブジェクトを使います。

JSON オブジェクトを POST でアップロードすれば、以降、そのリソースが GET /sake/:name から取得できるようになります。JSON データにはリソース名となる name がなければならない以外、制約はありません。なくてもエラーにはなりませんが、name をもとに検索する GET で取得ができません。

既存のリソースに対する POST をエラーとすべきか、更新命令（PUT）と取ってデータを入れ替えるべきかは悩ましいところですが、ここでは「400 Bad Request」扱いとします。

POST データに収容された JSON テキストは、bodyParser プラグインに分解させます。以降、そのデータは req.body プロパティからアクセスできます。

スクリプトは、起動時と新規データが追加されるたびにオブジェクトの個数と company プロパティのリストを表示します（12 ～ 15、44 行目）。

Ctrl-C が押下されたら、サーバはデータストアをファイルに書き戻してから終了します。

コード

ファイル形式のデータストアを持つ POST 対応 REST サーバのコードを次に示します。

リスト 1.5 ● rest-post.js

```
1 const fs = require('node:fs');
2 const path = require('node:path');
3 const restify = require('restify');
4 const errors = require('restify-errors');
5
6 const dataFile = path.join(__dirname, './data/sake.json');
```

```
7
8  let text = fs.readFileSync(dataFile, {encoding: 'utf-8'});
9  let data = JSON.parse(text);
10
11
12 function showData() {
13   let lst =  data.map((obj) => obj.company).join(', ');
14   console.log(`${data.length} entries: ${lst}`);
15 }
16
17 function findData(name) {
18   let result = data.find(function(obj) {
19     return obj.name === name;
20   })
21   return result;
22 }
23
24
25 process.on('SIGINT', function() {
26   fs.writeFileSync(dataFile, JSON.stringify(data));
27   console.log('Finished');
28   process.exit(0);
29 });
30
31
32 function respond(req, res, next) {
33   let name = req.params.name;
34   let result = findData(name);
35   if (result === undefined) {
36     return next(new errors.NotFoundError(`/sake/${name} not defined.`));
37   }
38   res.send(result);
39   return next();
40 }
41
42 function store(req, res, next) {
43   let body = req.body;
44   if (findData(body.name) === undefined) {
45     data.push(body);
46     showData();
47     res.send(body);
48     return next();
49   }
50   else {
```

```
51      return next(new errors.BadRequestError(`${body.name} already exists.`));
52    }
53  }
54
55
56  showData();
57  let server = restify.createServer();
58  server.use(restify.plugins.bodyParser());
59  server.get('/sake/:name', respond);
60  server.post('/sake/:name', store);
61  server.listen(8080);
```

■ 実行例

起動すると、サーバは次のようにファイルに収容されているリソースの数と company 属性の列挙を出力します。

```
$ node /rest-post.js
3 entries: 磯自慢酒造, 土井酒造場, 志太泉酒造
```

クライアントが既存のリソースに対して GET /sake/isojiman のようにリクエストをすれば、そのリソース（JSON オブジェクト）が返ってきます。

```
$ curl -i localhost:8080/sake/isojiman      // 磯自慢は既存
HTTP/1.1 200 OK
Server: restify
Content-Type: application/json
Content-Length: 116
Date: Sat, 30 Dec 2023 23:10:36 GMT
Connection: keep-alive
Keep-Alive: timeout=5

{
  "name": "isojiman",
  "company": "磯自慢酒造",
  "location": "静岡県焼津市",
  "url": "http://www.isojiman-sake.jp/"
}
```

存在しないリソースには 404 エラーが返ってきます。

```
$ curl -i localhost:8080/sake/hananomai      // 花の舞は存在しない
HTTP/1.1 404 Not Found
Server: restify
Content-Type: application/json
Content-Length: 60
Date: Sat, 30 Dec 2023 23:10:44 GMT
Connection: keep-alive
Keep-Alive: timeout=5

{
  "code": "NotFound",
  "message": "/sake/hananomai not defined."
}
```

POST から新規リソースを追加します。ターゲット URL のパス部分は /sake/ のようにリソース名なし、/sake/hananomai のようにリソース名付きのどちらでもかまいません（追加するデータの name にはボディのものが使われます）。送信するのは JSON テキストなので、Content-Type: application/json ヘッダを加えます。

```
$ curl -i localhost:8080/sake/ -H 'Content-Type: application/json' -X POST \
 -d '{"name":"hananomai", "company":"花の舞酒造", "location": "静岡県浜松市", \
 "url":"https://hananomai.co.jp/"}'
HTTP/1.1 200 OK
Server: restify
Content-Type: application/json
Content-Length: 112
Date: Sun, 31 Dec 2023 00:44:09 GMT
Connection: keep-alive
Keep-Alive: timeout=5

{
  "name": "hananomi",
  "company": "花の舞酒造",
  "location": "静岡県浜松市",
  "url": "https://hananomai.co.jp/"
}
```

HTTP リクエストヘッダを加えるには -H（--header）オプションを使います。引数にはフィールド名と値をコロンで連結した文字列を指定します。すでに存在するフィールドを指定すると、値は上書きされます。

POST が来ると、サーバはそのデータを加えたデータストアをコンソールに表示します。

```
4 entries: 磯自慢酒造, 土井酒造場, 志太泉酒造, 花の舞酒造
```

以降、/sake/hananomai がアクセス可能になります。

```
$ curl -i localhost:8080/sake/hananomai
HTTP/1.1 200 OK
Server: restify
Content-Type: application/json
Content-Length: 113
Date: Sun, 31 Dec 2023 00:53:28 GMT
Connection: keep-alive
Keep-Alive: timeout=5

{
  "name": "hananomai",
  "company": "花の舞酒造",
  "location": "静岡県浜松市",
  "url": "https://hananomai.co.jp/"
}
```

この状態から同じリソースを POST で送信すれば、「400 Bad Request」が返ってきます。

```
$ curl -i localhost:8080/sake/ -X POST -H 'Content-Type: application/json' \
  -d '{"name":"hananomai", "company":"花の舞酒造", "location": "静岡県浜松市", \
  "url":"https://hananomai.co.jp/"}'
HTTP/1.1 400 Bad Request
Server: restify
Content-Type: application/json
Content-Length: 59
Date: Sun, 31 Dec 2023 01:28:55 GMT
Connection: keep-alive
Keep-Alive: timeout=5
```

```
{
  "code": "BadRequest",
  "message": "hananomai already exists."
}
```

■ データストアを操作する

6～9行目では、ファイルからJSONデータを読み込みます。要領は前節と同じです。以降、データストアは変数dataから操作できます。

12～15行目のshowData()は、オブジェクトのcompanyプロパティ値だけをコンソールに書き出すものです。必須の機能ではありませんが、毎回オブジェクトすべてを書き出すとコンソールが混んで読みにくくなるから用意しました。とくに変わったことはしていません。

17～22行目のfindData()は、dataから指定のnameプロパティ値を持つオブジェクトを返します。見つかれば、処理関数のrespond()はそれをそのままクライアントに返します（38行目）。配列から要素を検索するArray.find()（18行目）は条件を満たす最初の要素を返すので、クライアントが受け取るオブジェクトは1つだけです。要素がなければ、Array.find()はundefinedを返します。その場合、「404 Not Found」を返します（35～36行目）。

```
32 function respond(req, res, next) {
33   let name = req.params.name;
34   let result = findData(name);
35   if (result === undefined) {
36     return next(new errors.NotFoundError(`/sake/${name} not defined.`));
37   }
38   res.send(result);
39   return next();
40 }
```

■ Restifyのエラーオブジェクト

RESTでは、エラーがあればエラーである旨を正統なHTTPメッセージからクライアントに示します。よほどのことがなければ、出し抜けにTCP/IPコネクションを遮断したり、無言を貫き通したりはしません。HTTPステータスコードには、クライアント側に問題があるときは400番台を、サーバ側に問題があるときは500番台をそれぞれ使います。

エラーメッセージのレスポンスには、Restifyに用意されているエラーオブジェクトを用います。

これらはrestifyモジュールそのものには含まれていないので、別途restify-errorsから読み込みます（4行目）。

```
4  const errors = require('restify-errors');
```

36行目で用いているのは、404を表現するNotFoundErrorクラスです。コンストラクタなので、newを介してインスタンス化します。引数にはメッセージボディに収容されるJSONテキストのmessageプロパティの値を指定します。36行目の引数は次のようなメッセージを生成します。

```
{"code": "NotFound", "message": "/sake/hananomai not defined."}
```

エラーのコンストラクタは、ほとんどすべてのテータスコードにそれぞれ用意されています。基本的に、ステータスコードに対応する理由文（RFC 9112でいうところのreason-phrase）をCamelCase化し、末尾にErrorを加えたものがクラス名です。代表的なものを次の表に示します。

クラス	ステータスコード
BadRequestError	400 Bad Request
UnauthorizedError	401 Unauthorized
NotFoundError	404 Not Found
MethodNotAllowedError	405 Method Not Allowed
ConflictError	409 Conflict
ImATeapotError	418 I'm a teapot
InternalServerError	500 Internal Server Error
NotImplementedError	501 Not Implemented
ServiceUnavailableError	503 Service Unavailable

これらは、Restifyドキュメントの「Quick Start」ページの末尾に列挙されています。

HTTPのステータスコードは、IANAの「Hypertext Transfer Protocol (HTTP) Status Code Registry」から確認できます。現在66個が定義されています。

https://www.iana.org/assignments/http-status-codes/http-status-codes.xhtml

ハンドラチェーンの中断

エラーが発生したら、複数の処理関数を順に処理していくチェーン操作を続ける必要はありません。中断させるには、next() メソッドの引数に false またはエラーオブジェクトを指定します（36、51 行目）。

```
36      return next(new errors.NotFoundError(`/sake/${name} not defined.`));
        ⋮
51      return next(new errors.BadRequestError(`${body.name} already exists.`));
```

データストアに書き出す

サーバは Ctrl-C から終了されると、データストアをファイルに書き出します（25 ～ 29 行目）。

```
25 process.on('SIGINT', function() {
26   fs.writeFileSync(dataFile, JSON.stringify(data));
27   console.log('Finished');
28   process.exit(0);
29 });
```

Unix 系（POSIX）のシグナルは、process オブジェクトに上がってくるイベントとして検知できます（Windows でも同じ）。process はその Node.js プロセスに関する情報を収容した、あるいはプロセスを制御するオブジェクトです。Process モジュールに属するものですが、デフォルトで存在するので require() から用意する必要はありません。

process で利用可能なシグナルのイベント名は Unix シグナルと同名です。シグナルのリストは Unix man ページの「signal」にあります。次の URL には和訳があります。

https://ja.manpages.org/signal/7

ここでは、SIGINT シグナルの発生と同時にデータストアをファイルに書き出しています（26 行目）。書き出しメソッドには、fs.readFileSync() と同じく同期型の fs.writeFileSync() を使っています。第 1 引数はファイル名、第 2 引数はデータです。データはデフォルトでは UTF-8 文字列として解釈されるので、オブジェクトである data を書き出す前に JSON.stringify() でシリアライズします。

process.on('SIGINT') で SIGINT をトラップしてしまうと、プロセスの強制終了というシグナルのもとの役割が果たされなくなります。そこで、コードの中から process.exit() メソッドで明示的に終了させます（28 行目）。

■ リクエストボディの解析

POST で送られてくるリクエストボディは、bodyParser プラグインで解析します。ハンドラチェーンに組み込むには、他のプラグインと同じく Server.use() です（58 行目）。

```
42 function store(req, res, next) {
43   let body = req.body;
44   if (findData(body.name) === undefined) {
45     data.push(body);
46     showData();
47     res.send(body);
48     return next();
49   }
   ⋮
58 server.use(restify.plugins.bodyParser());
```

bodyParser プラグインは Content-Type フィールド値を参照し、どの解析ルーチンを使用するかを決定します。したがって、クライアントが適切なヘッダを送ってこなければ、データは正しく解析されません。また、サポートされているメディア種別でなければ解析できません。現在サポートされているのは application/json、application/x-www-form-urlencoded、multipart/form-data だけです。

ここでは、クライアントが Content-Type: application/json を送信してくると仮定しているので、ボディは JSON テキストから JavaScript オブジェクトに変換されます。そして、その結果は req の body プロパティに収容されます（43 行目）。ボディの中身とメディア種別が一致していないと、奇妙な形に変換されます。そして、それはエラーではありません。

bodyParser は関数なので、引数に各種オプションを指定できます。たとえば、大量のデータを送信することでサーバのメモリを枯渇させようとする攻撃に対して、リクエストボディサイズの上限を定める maxBodySize プロパティなどがあります。用例を次に示します。

```
58 server.use(restify.plugins.bodyParser( {maxBodySize: 1000} ));
```

たくさんのオプションがあるので、詳細は当該プラグインの API を Restify のドキュメントページから参照してください。

あとの処理は単純です。req.body.name と同じ値がすでにデータストアにあれば、BadRequest

Error（400）を返します（51 行目）。新規ならデータストアの data に Array.push() で加えます（45 行目）。レスポンスボディには、リクエストにあったものをそのままオウム返ししています（47 行目）。

1.6 簡単な HTTPS REST サーバ

目的

REST サーバを、暗号化対応の HTTPS に変更します。

HTTPS サーバを運用するには、サーバ証明書と秘密鍵のファイルが必要です。証明書（certificate）は本来は認証局と呼ばれる第 3 者が身元を保証するものですが、ここでは学習用ということで自己署名証明書を使います。OpenSSL を用いた作成方法は第 II 部第 10 章に示しました。本節で用いる秘密鍵と証明書のファイルは、コードの置かれたディレクトリの certs サブディレクトに収容してあります。秘密鍵生成時に用いたパスフレーズは private です。

HTTPS 対応を示すのが目的なので、ルーティングは GET /sake/:name だけで、レスポンスも :name を示すだけの簡単なものとします。

本書のスクリプトの大半は HTTP 対応のみで書かれています。しかし、本節で示すように、HTTP から HTTPS への変更は restify.createServer() のオプションの違いしかないので、あとで HTTPS 化するのはとても簡単です。

コード

HTTPS 対応のシンプルな REST サーバのコードを次に示します。

リスト 1.6 ● rest-https.js

```
1  let fs = require('node:fs');
2  let path = require('node:path');
3  let restify = require('restify');
4
5  let certFile = path.join(__dirname, './certs/ServerCertificate.crt');
6  let keyFile = path.join(__dirname, './certs/ServerPrivate.key');
7
8
9  function respond(req, res, next) {
10   console.log(`From ${req.socket.remoteAddress}:${req.socket.remotePort}`);
```

```
11    res.send({
12      message: `resource for ${req.params.name}`
13    });
14    return next();
15  }
16
17
18  let server = restify.createServer({
19    certificate: fs.readFileSync(certFile),
20    key: fs.readFileSync(keyFile),
21    passphrase: 'private'
22  });
23  server.get('/sake/:name', respond);
24  server.listen(8443);
```

■ 実行例

コードを実行すると、これまで同様に localhost でアクセスを待ち受けます。ただし、ポート番号には 8443 を使います。これは、HTTPS のウェルノウンポート番号 443 に対応する慣習的なユーザレベルの番号です。

クライアントからアクセスします。

```
$ curl -ik https://localhost:8443/sake/isojiman
HTTP/1.1 200 OK
Server: restify
Content-Type: application/json
Content-Length: 35
Date: Sat, 30 Dec 2023 06:04:21 GMT
Connection: keep-alive
Keep-Alive: timeout=5

{
  "message":"resource for isojiman"
}
```

デフォルトのスキームは http なので、明示的に https:// を示します。オプションの -k（ロングフォーマットは --insecure）はサーバ証明書が満足のいくものでなくてもあえてアクセスを許可するときに使います。ここで用いているのは自己署名証明書なので、-k がなければ接続はその場で落とされます。

Server オプション

ここまで引数なしで使ってきたrestify.createServer()のオプションオブジェクトに、certificate、key、passphraseのキーを持つプロパティを用意してサーバオブジェクトを生成すれば、自動的にHTTPS対応のサーバとなります。順にサーバ証明書（PEM形式）、秘密鍵（PEM形式）、パスフレーズ（文字列）です。

```
1  let fs = require('node:fs');
2  let path = require('node:path');
   ⋮
5  let certFile = path.join(__dirname, './certs/ServerCertificate.crt');
6  let keyFile = path.join(__dirname, './certs/ServerPrivate.key')
   ⋮
18 let server = restify.createServer({
19   certificate: fs.readFileSync(certFile),
20   key: fs.readFileSync(keyFile),
21   passphrase: 'private'
22 });
```

ファイルの読み込みには、ここでもfs.readFileSync()メソッドを使います。certifiateとkeyはプロパティ値の型にstringとBufferのどちらでも受け付けるので、19～20行目ではオプションのencodingプロパティは省いています。passphraseはstringなので直書きです。この情報は証明書作成時に用いたものです。

これ以外は、これまでとまったく同じです。

1.7 簡単なHTTP/2サーバ

目的

Webトラフィックの大半を占めるようになったHTTP/2（バージョン2）対応のRESTサーバを作成します。

HTTP/2はHTTPと同じウェルノウンポートを用います。つまり平文版ならシステムポートは80番、プライベートポートなら8080番です。暗号化版（TLS/SSL）なら443番および8443番です。

HTTP/2 は暗号化が事実上前提になっており、平文の実装はまず見かけません。そのため、前節同様、サーバ証明書、秘密鍵、パスフレーズが必要です。ここでも、自家製の自己署名証明書を用います。

サーバの HTTP/2 化だけが目的なので、ルーティングには GET /sake/:name だけを用意し、そのレスポンスも適当なものだけというシンプルな構成です。

2022 年 6 月に正式に標準化された HTTP/3（バージョン 3）も存在しますが、まだそれほど普及してはいません。Node.js、そして Restify もまだ対応していません（curl は対応済み）。

■ コード

HTTP/2 対応のシンプルな REST サーバのコードを次に示します。

リスト 1.7 ● rest-http2.js

```
1  let fs = require('node:fs');
2  let path = require('node:path');
3  let restify = require('restify');
4
5  let certFile = path.join(__dirname, './certs/ServerCertificate.crt');
6  let keyFile = path.join(__dirname, './certs/ServerPrivate.key');
7
8
9  function respond(req, res, next) {
10   res.send({
11     message: `resource for ${req.params.name}`
12   });
13   return next();
14 }
15
16
17 let server = restify.createServer({
18   http2: {
19     cert: fs.readFileSync(certFile),
20     key: fs.readFileSync(keyFile),
21     passphrase: 'private',
22     allowHTTP1: false,
23     rejectUnauthorized: false
24   }
25 });
26 server.get('/sake/:name', respond);
27 server.listen(8443);
```

実行例

アクセスをすると、いつもどおりにレスポンスが返ってきます。データ搬送プロトコルがHTTPからHTTP/2に変わったといっても、交換するデータそのもの（メソッドやヘッダやボディ）に（ほとんど）変わりはないからです。

```
$ curl -ik https://localhost:8443/sake/sake
HTTP/2 200
server: restify
content-type: application/json
content-length: 31
date: Sat, 06 Jan 2024 06:36:20 GMT

{
  "message":"resource for sake"
}
```

注目のポイントは先頭のステータス行にある「HTTP/2」です。

Serverオプション

これまでとの違いは`restify.createServer()`に指定するオプションだけです。

```
17 let server = restify.createServer({
18   http2: {
19     cert: fs.readFileSync(certFile),
20     key: fs.readFileSync(keyFile),
21     passphrase: 'private',
22     allowHTTP1: false,
23     rejectUnauthorized: false
24   }
25 });
```

`createServer()`のオプションには`http2`プロパティがあり、Node.jsネイティブのHTTP2モジュールのサーバ作成メソッドの`http2.createSecureServer()`あるいはその親クラスであるTLS/SSLモジュールの`tls.createSecureContext()`から指定可能なオプションはすべて利用できます。重要なオプションを次の表に示します。

オプション	説明
allowHTTP1	HTTP/1.1 にダウングレードしてよいかを示す真偽値。デフォルトは false(HTTP/2 を固持)。
cert	PEM 形式のサーバ証明書。文字列または Buffer が利用可能。certificate ではなく、省略形になっているところに注意。
ciphers	暗号スイートを示す文字列。利用可能な文字列は tls.getCiphers() から取得可能。
key	PEM 形式の秘密鍵。文字列または Buffer が利用可能。
passphtrase	共有のパスフレーズ。文字列。

オプションだけなので、本書の HTTP オンリーサーバを HTTP/2 に簡単にコンバートできます。

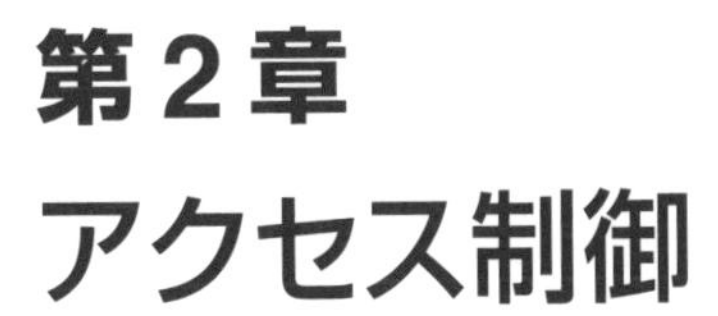

第2章 アクセス制御

本章では、Restify サーバにアクセス制限を設ける方法を示します。アクセス制限にはいろいろな判断基準がありますが、ここでは次のトピックを取り上げます。

- ユーザ認証 ... 身元不明ユーザを拒否する、あるいは利用してよいメソッドには明示的な許可を与える。
- 流量制限 ... 連続的なアクセスは負荷を考慮して拒否する。
- メディア種別制限 ... 特定のメディア種別以外が懇請されたら拒否する。

2.1 ユーザ認証

目的

ユーザ名とパスワードからアクセスを許可します。

認証にはBasic（基本）方式を用います。この方式では、クライアントがAuthorizationリクエストヘッダから認証情報を送信し、サーバが内部の情報と受信した情報を比較することでにユーザを認証します。状態の存在しないHTTPでは（クッキーやトークンを介したメカニズムが採用されていなければ）、認証情報はリクエストのたびに送信しなければなりません。

クライアントが適切な認証情報を送信してこないときは、「401 Unauthorized」を返送します。このとき、レスポンスにはWWW-Authenticateヘッダフィールドを含めることで、認証情報が必要なことを示します。

Authorizationヘッダからユーザ名とパスワードを抽出するには、authorizationParserプラグインを使います。このプラグインはreq.authorizationプロパティを用意します。

authorizationParserはフィールド値を分解してくれるだけで、それが正しいユーザ名とパスワードなのかの検証まではしてくれません。ここでは、この検証を行うプラグインを自作します。

Basic認証

Basic認証方式のAuthoriationフィールドのフォーマットは次のとおりです。

```
Authorization: Basic <credential>
```

<credential>部分はユーザ名とパスワードの間にコロン：を挟んで生成した文字列をBase64でエンコードしたものです。文字列をBase64化するにはbtoa()関数を使います。ユーザ名がrengeで、パスワードがnyan-passのとき、Authorization: Basicに収容する文字列は次のように計算します。

```
> btoa('renge:nyan-pass')
'cmVuZ2U6bnlhbi1wYXNz'
```

反対に<credential>文字列をもとの可読文字に直すにはatob()です。

```
> atob('cmVuZ2U6bnlhbi1wYXNz')
'renge:nyan-pass'
```

認証に失敗、あるいは認証が必要なのに認証情報が提供されていないとき、サーバはクライアントにその旨を示す WWW-Authenticate ヘッダを送信しなければなりません。このフィールドのフォーマットは次のとおりです。

```
WWW-Authenticate: Basic realm="xxxx"
```

フィールド値は仕様では「チャレンジ」(challenge) と呼ばれ、Basic 認証のときは Basic realm="xxxx" という構成です。realm は「領域」という意味で、この認証が有効あるいは必要とする範囲を示す文字列です。本節では利用しないので、適当な値を記述します。

暗号化されていない HTTP 通信ではヘッダは丸見えで、しかも Base64 文字列は解読が可能です。テストや練習ならプレーンテキストでもよいですが、Basic 認証は必ず HTTPS を介して使用します(というわけで、本節では模範演技的に HTTPS を使います)。

Basic 認証方式は次に URL を示す「RFC 7617: The Basic HTTP Authentication Scheme」で定義されています。

```
https://www.rfc-editor.org/info/rfc7617
```

ユーザ名:パスワードをエンコードする Base64 のアルゴリズムは「RFC 4648: The Base16, Base32, and Base64 Data Encodings」に示されています。

```
https://www.rfc-editor.org/info/rfc4648
```

■コード

ユーザ認証付き HTTPS REST サーバのコードを次に示します。

リスト 2.1 ● access-basicauth.js

```
1  const fs = require('node:fs');
2  const path = require('node:path');
3  const restify = require('restify');
4  const errors = require('restify-errors');
5
6  const passwd = [
7    {"username": "w.rockbell", "password": "automail"},
8    {"username": "r.hawkeye", "password": "rifle" }
9  ];
10 const certPath = path.join(__dirname, './certs/ServerCertificate.crt');
11 const keyPath = path.join(__dirname, './certs/ServerPrivate.key');
12
```

```
13
14  function auth(req, res, next) {
15    if (req.authorization.basic === undefined) {
16      console.log('anonymous attempted access');
17      res.header('WWW-Authenticate', 'Basic realm="wine"')
18      return next(new errors.UnauthorizedError('Basic auth required'));
19    }
20    let authUser = req.authorization.basic.username;
21    let authPass = req.authorization.basic.password;
22    let test = passwd.find(function(obj) {
23      return authUser === obj.username && authPass == obj.password;
24    });
25
26    if (test)
27      return next();
28    else {
29      res.header('WWW-Authenticate', 'Basic realm="wine"')
30      return next(new errors.UnauthorizedError('Name/password incorrect'));
31    }
32  }
33
34
35  function respond(req, res, next) {
36    res.send({
37      message: `Hello ${req.authorization.basic.username}`
38    });
39    return next();
40  }
41
42
43  let server = restify.createServer({
44    certificate: fs.readFileSync(certPath),
45    key: fs.readFileSync(keyPath),
46    passphrase: 'private'
47  });
48  server.use(restify.plugins.authorizationParser());
49  server.use(auth);
50  server.get('/wine/:name', respond);
51  server.listen(8443);
```

ユーザ名とパスワードは２名分を５～８行目でハードコードしています。セキュリティ的に問題があるので、普通ならファイルに収容します。平文のパスワードをハッシュで保存する方法は次節で説明します。

■ 実行例

ユーザ名とパスワードを入れたAuthorizationヘッダを乗せたHTTPリクエストを送ります。

```
$ curl -kv https://localhost:8443/wine/selaks -u w.rockbell:automail
*   Trying 127.0.0.1:8443 ...
* Connected to localhost (127.0.0.1) port 8443 (#0)
* ALPN, offering h2
* ALPN, offering http/1.1
* TLSv1.0 (OUT), TLS header, Certificate Status (22):
 ⋮
> GET /wine/selaks HTTP/1.1
> Host: localhost:8443
> Authorization: Basic dy5yb2NrYmVsbDphdXRvbWFpbA==
> User-Agent: curl/7.81.0
> Accept: */*
 ⋮
< HTTP/1.1 200 OK
< Server: restify
< Content-Type: application/json
< Content-Length: 30
< Date: Wed, 03 Jan 2024 22:20:15 GMT
< Connection: keep-alive
< Keep-Alive: timeout=5
<
* Connection #0 to host localhost left intact
{"message":"Hello w.rockbell"}
```

Aurhotization: Basicフィールドをリクエストに加えるには、引数にユーザ名とパスワードをコロン：で連結した文字列を指定した-u（ロングフォーマットは--user）を使います。パスワードの指定がなければ、プロンプトから入力するように懇請されます。デフォルトでは表示されないリクエストヘッダを表示するには、-v（--verbose）を使います。TLS/SSLネゴシエーションの様子なども同時に表示されるので、やや込み入ってしまうのが難点です。

>で始まる行がcurlのリクエストメッセージ、<の行がサーバからのレスポンスです。リクエストのAuthorizationヘッダにBasicという文字列と、Base64化された認証情報が書き込まれているところがポイントです。

ユーザ名あるいはパスワードに誤りがあれば、「401 Unauthorized」が返ってきます。WWW-Authenticateがレスポンスヘッダに含まれるのがポイントです。

```
$ curl -ik https://localhost:8443/wine/selaks -u w.rockbell:edward
HTTP/1.1 401 Unauthorized
Server: restify
WWW-Authenticate: Basic realm="wine"
Content-Type: application/json
Content-Length: 66
Date: Wed, 03 Jan 2024 22:22:20 GMT
Connection: keep-alive
Keep-Alive: timeout=5

{"code":"Unauthorized","message":"Username or password incorrect"}
```

Authorizationヘッダのフォーマットが不正なときは、authorizationParserプラグインが「400 Bad Request」を返します。次の例では、-Hオプションから不正なヘッダを準備しています。

```
$ curl -vk https://localhost:8443/wine/selaks -H "Authorization: sat"
 ⋮
> GET /wine/selaks HTTP/1.1
> Host: localhost:8443
> User-Agent: curl/7.81.0
> Accept: */*
> Authorization: sat                           // 不正なフォーマット
 ⋮
< HTTP/1.1 400 Bad Request
< Server: restify
< Content-Type: application/json
< Content-Length: 66
< Date: Wed, 03 Jan 2024 22:41:20 GMT
< Connection: keep-alive
< Keep-Alive: timeout=5
<
* Connection #0 to host localhost left intact
{"code":"InvalidHeader","message":"BasicAuth content is invalid."}
```

Authorizationヘッダの分解

authorizationParserプラグインをServer.use()でハンドラチェーンに組み込めば、Authorizationヘッダフィールドが自動で分解されます（48行目）。Basic認証では、authorizationParser()に引数はありません。

```
48 server.use(restify.plugins.authorizationParser());
```

分解結果は、req.authorizationプロパティに次のようなオブジェクトとして収容されます。

```
{
  scheme: "Basic",
  credentials: <Base64のままのusername:password>,
  basic: {
    username: <username>
    password: <password>
  }
}
```

schemeプロパティは認証方式を示します。現在サポートされている標準的なスキームはBasicだけです。credentialにはBase64のままの文字列が収容されます。basicプロパティにはデコード済みのユーザ名とパスワードが入ります。ユーザ名とパスワードが「w.rockbell:automail」のときは次のようになります。

```
{
  "scheme": "Basic",
  "credentials": "dy5yb2NrYmVsbDphdXRvbWFpbA==",
  "basic": {
    "username": "w.rockbell",
    "password": "automail"
  }
}
```

あとは、この情報と内部の認証情報（6～9行目）と比較すれば認証は完了します。

Authorizationヘッダが存在しなければ、req.authorizationの値は空オブジェクト{}です。ヘッダフィールドは存在するが、それに続いて２つの値が存在しない不正フォーマットのときは、プラグインが自動的に「400 Bad Request」を返信します。値が２つあれば、それがBasicのフォーマットでなくてもプラグインは受け付るので、あとは自力で正しい情報が収容されているかを確認しなければなりません。ここではreq.authotization.basicに分解後のオブジェクトが存在するかから確認しています（15～19行目）。

```
15    if (req.authorization.basic === undefined) {
16      console.log('anonymous attempted access');
17      res.header('WWW-Authenticate', 'Basic realm="wine"')
18      return next(new errors.UnauthorizedError('Basic auth required'));
19    }
```

http.ServerResponeのheader()は、ヘッダをセットするメソッドです（17行目）。Restify独自のもので、HTTPネイティブではsetHeader()に相当します。どちらのメソッドでも第1引数にフィールド名、第2引数にその値を指定します。Restifyのもの、Node.jsのもの、どちらを用いてもかまいません。

認証処理

authorizationParserプラグインはヘッダを分解してくれるだけで、認証処理まではしてくれません。そこで、認証処理は自分で関数化し（14～32行目）、プラグイン同様にServer.use()でサーバの処理チェーンに組み込みます。関数シグニチャはServer.get()などと同じ(req, res, next)です。

```
14  function auth(req, res, next) {
```

Server.use()から指定するプラグインは記述された順に実行されます。この自作認証関数はreq.authorizationにすでに必要な情報が収容されていることを前提としているので、設定はauthorizationParserが先です。1.5節でも述べましたが、Server.use()はServer.get()などのルーティング指示の前に置きます。

```
46  server.use(restify.plugins.authorizationParser());
47  server.use(auth);
48  server.get('/wine/:name', respond);
```

認証関数そのものはシンプルです。まず、先に説明したように、Authorizationヘッダフィールドが適切に書かれているかを確認します（15～19行目）。適切でなければ、「401 Unauthorized」で終了します（18行目）。

あとは、受信したユーザ名とパスワードが内部の情報に含まれているかを確認するだけです（20〜24行目）。

```
20    let authUser = req.authorization.basic.username;
21    let authPass = req.authorization.basic.password;
22    let test = passwd.find(function(obj) {
23      return authUser === obj.username && authPass == obj.password;
24    });
```

エントリが見つかれば（22行目の test に発見したオブジェクトが収容される）、next() で処理を次に送ります（26〜27行目）。

```
26    if (test)
27      return next();
```

なければ WWW-Authenticate ヘッダをセットした UnauthorizaedError エラーを返します（28〜31行目）。

```
28    else {
29      res.header('WWW-Authenticate', 'Basic realm="wine"')
30      return next(new errors.UnauthorizedError('Name/password incorrect'));
31    }
```

2.2 アクセス許可

■ 目的

ユーザ認証（authentication）にメソッド別の認可（authorization）も加えます。一般ユーザは GET と OPTIONS のみ、データ編集権限のあるユーザには PUT、PATCH、POST が追加でできるものの DELETE はできない、というように、ユーザの役割（role）に応じてデータの操作範囲を制限するときに、このような機能が必要になります。

ここでは、ユーザ単位に利用可能なメソッドを定義した ./data/passwd.json ファイルを用意します。

```
{
  "w.rockbell": {
    "password": "bed443372ade4bbcd9edf8295ffdb122911d6ad823c9f71f534307bf00e2b626",
    "allowed": ["GET", "PUT", "POST", "OPTIONS"]
 },
 "r.hawkeye": {
    "password": "6dcdffaeac040a7037ac862b518ff7356e8784a791fb6c712931ab3dfb248393",
    "allowed": ["GET", "DELETE", "OPTIONS"]
  }
}
```

前節と同じユーザとパスワードですが、ユーザ名をキーにしたオブジェクトに構造を変更しています。これなら、配列サーチをせずとも、ユーザ名に直接アクセスできます。半面、MongoDBには収容しづらくなります。

パスワードはSHA-256のハッシュ値にしました。中身は同じ（automailとrifle）です。こうすれば、ファイルを盗まれても、パスワードそのものは解読できません（ハッシュは非可逆的なので、もとのデータは再構築できない）。`Authorization: Basic`から取得したパスワード（これは平文）をハッシュ化し、それとファイルのパスワードハッシュが一致すれば認証成功です。

利用可能なメソッドは`allowed`プロパティの配列に収容しました。

`OPTIONS`メソッドに対する応答では、`Allow`レスポンスヘッダから利用可能なメソッドのリストを提示します。たとえば、`Allow: GET, OPTIONS`です。レスポンスボディにはなにも記述しません（仕様上は加えてもかまわない）。`OPTIONS`を用いることで、クライアントはターゲットのエンドポイントで使えるメソッドを知ることができます。ルーティング設定のメソッドは`Server.opts()`です。

`Authorization`フィールドがリクエストヘッダにない、ユーザ名がパスワードファイルに存在しない、パスワードが間違っている、使用しているメソッドがリストにないときは、「401 Unauthorized」と`WWW-Authenticate`ヘッダを返します。

簡単な構成の本節ではユーザにメソッドを直接割り当てていますが、ユーザベースが大きくなってくると管理が大変になります。そこで、使用可能なメソッドを定めた役割（role）をいくつか用意し、これをユーザに結び付けるという方法が採られます。これを役割別アクセス制御（Role-Based Access Control）といいます。メソッドだけでなく、エンドポイントへのアクセスも同じようにコントロールできます。これも、小規模なら自作も可能ですが、役割の種類や例外が増えてくると手に負えなくなってくるので、バックエンドに認証サービスを用意したほうがよいでしょう。

SHA-256 ハッシュ

平文から SHA-256 ハッシュを生成するには、Node.js ネイティブの Crypto モジュールを使います。次に示すのは、引数に指定した文字列からハッシュを生成するスクリプトです。

リスト 2.2 ● util-hash.js

```
1 const crypto = require('node:crypto');
2 let hash = crypto.createHash('sha256');
3 hash.update(process.argv[2]);
4 console.log(hash.digest('hex'));
```

まず、crypto.Hash オブジェクトを crypto.createHash() メソッドから生成します（2 行目）。引数には、sha256 などハッシュ生成アルゴリズムを指定します。利用可能なアルゴリズムのリストは crypto.getHashes() メソッドから得られます。

```
> const crypto = require('node:crypto');
undefined
> crypto.getHashes()
[
  'RSA-MD5',
  'RSA-RIPEMD160',
  'RSA-SHA1',
  'RSA-SHA1-2',
  ⋮
  'sm3WithRSAEncryption',
  'ssl3-md5',
  'ssl3-sha1'
]
> crypto.getHashes().length                    // ここでは全部で52種類
52
```

Hash オブジェクトが用意できたら、変換したい文字列を引数に指定した crypto.Hash.update() メソッドを呼び出し（3 行目）、そこからハッシュ（ダイジェスト）を digest() メソッドで生成します（4 行目）。引数にはハッシュ（中身はバイナリ）をどのような表現にするかを指定します。指定できるのは Buffer.from() や Buffer.toString() と同じエンコーディング指定文字列で、hex や base64 や utf8 が使えます。

ここでは 16 進数文字列（英文字は小文字）にするために hex を指定しています。SHA-256 は 256 ビット＝ 32 バイトのハッシュ値を生成するので、16 進数文字は全部で 64 文字あります。

パスワード automail および rifle を次のように変換します。

```
$ node util-hash.js automail
bed443372ade4bbcd9edf8295ffdb122911d6ad823c9f71f534307bf00e2b626

$ node util-hash.js rifle
6dcdffaeac040a7037ac862b518ff7356e8784a791fb6c712931ab3dfb248393
```

SHA-256 ハッシュアルゴリズムは次に示す「RFC 6234: US Secure Hash Algorithms (SHA and SHA-based HMAC and HKDF)」で定義されています。

https://www.rfc-editor.org/info/rfc6234

■ コード

ユーザ単位に許可されるメソッドを設定できる HTTPS REST サーバのコードを次に示します。

リスト 2.3 ● access-control.js

```
1  const fs = require('node:fs');
2  const path = require('node:path');
3  const crypto = require('node:crypto');
4  const restify = require('restify');
5  const errors = require('restify-errors');
6
7  const certPath = path.join(__dirname, './certs/ServerCertificate.crt');
8  const keyPath = path.join(__dirname, './certs/ServerPrivate.key');
9
10 const passwdPath = path.join(__dirname, './data/passwd.json');
11 const passwd = JSON.parse(fs.readFileSync(passwdPath, {encoding: 'utf-8'}));
12
13
14 function auth(req, res, next) {
15   let message = undefined;
16
17   if (req.authorization.basic === undefined) {
18     message = 'Basic authorization required.';
19   }
20   else if (passwd[req.authorization.basic.username] === undefined) {
21     message = 'User not registered';
22   }
23   else {
```

```
24      let authUser = req.authorization.basic.username;
25      console.log(passwd[authUser].allowed);
26      let hash = crypto.createHash('sha256');
27      hash.update(req.authorization.basic.password);
28      let authPass = hash.digest('hex');
29      if (passwd[authUser].password !== authPass) {
30        message = 'Password incorrect';
31      }
32      else if (! passwd[authUser].allowed.includes(req.method.toUpperCase())) {
33        message = 'Method not allowed.';
34        res.header('Allow', passwd[authUser].allowed.join(', '));
35      }
36    }
37
38    if (message) {
39      console.log(message);
40      res.header('WWW-Authenticate', 'Basic realm="wine"')
41      return next(new errors.UnauthorizedError(message));
42    }
43    else {
44      return next();
45    }
46  }
47
48
49  function respond(req, res, next) {
50    res.send({
51      message: `Hello ${req.authorization.basic.username}`
52    });
53    return next();
54  }
55
56
57  function options(req, res, next) {
58    let authUser = req.authorization.basic.username;
59    res.header('Allow', passwd[authUser].allowed.join(', '));
60    res.send();
61    return next();
62  }
63
64
65  let server = restify.createServer({
66    certificate: fs.readFileSync(certPath),
```

```
67    key: fs.readFileSync(keyPath),
68    passphrase: 'private'
69  });
70  server.use(restify.plugins.authorizationParser());
71  server.use(auth);
72  server.get('/wine/:name', respond);
73  server.put('/wine/:name', respond);
74  server.post('/wine/:name', respond);
75  server.del('/wine/:name', respond);
76  server.opts('/wine/:name', options);
77  server.listen(8443);
```

パスワードを送受する都合上、トランスポートにはHTTPSを用いています（7～8、65～69行目）。サーバ証明書や秘密鍵のファイルは1.6節と同じものです。

エンドポイントは/wine/:nameしかありませんが、いろいろなメソッドを試す都合で、ルーティング設定が多くなっています（72～76行目）。しかし、OPTIONSを除いて、どれも同じ処理しかしません。

パスワードをSHA256ハッシュにするための処理やOPTIONSメソッドの処理関数を加えたためにやや長くなったものの、全体の構造は前節のaccess-basicauth.jsと変わりません。

実行例

ユーザr.hawkeyeを使って、まずはOPTIONSから利用可能なメソッドを確認します。

```
$ curl -ik https://localhost:8443/wine/selaks -u r.hawkeye:rifle -X OPTIONS
HTTP/1.1 200 OK
Server: restify
Allow: GET, DELETE, OPTIONS
Date: Thu, 01 Feb 2024 22:06:44 GMT
Connection: keep-alive
Keep-Alive: timeout=5
Transfer-Encoding: chunked
                                                    // 空行
```

Allowレスポンスヘッダに、ファイル（本節冒頭）にあるメソッドが列挙されています。なお、最後のヘッダ行の下の空行はヘッダとボディ（ここではなにもない）を分ける空行で、HTTPの仕様上あえて空けられています。

AllowにはDELETEも含まれているので、試してみます。

```
$ curl -ik https://localhost:8443/wine/selaks -u r.hawkeye:rifle -X DELETE
HTTP/1.1 200 OK
Server: restify
Content-Type: application/json
Content-Length: 29
Date: Thu, 04 Jan 2024 02:21:30 GMT
Connection: keep-alive
Keep-Alive: timeout=5

{"message":"Hello r.hawkeye"}
```

受け付けられました。もっとも、ほとんどなにもないメソッド共通処理関数は、ハローメッセージを示すだけで、なにかの操作をするわけではありません。

Allowのリストにない POST を送れば、「401 Unauthorized」が返ってきます。このとき、OPTIONSをリクエストしたときと同じようにAllowヘッダに許可されたメソッドのリストが示されます。

```
$ curl -ik https://localhost:8443/wine/selaks -u r.hawkeye:rifle -X POST
HTTP/1.1 401 Unauthorized
Server: restify
Allow: GET, DELETE, OPTIONS                  // r.hawkeyeに許可されたメソッド
WWW-Authenticate: Basic realm="wine"
Content-Type: application/json
Content-Length: 55
Date: Thu, 04 Jan 2024 02:29:35 GMT
Connection: keep-alive
Keep-Alive: timeout=5

{"code":"Unauthorized","message":"Method not allowed."}
```

本節のコードでは、おなじ401エラーでもメッセージは豊富に用意しています。

- Authorization: Basic ヘッダが適切ではない ...「Basic authorization required」(Basic 認証が必要です)。コード18行目。
- ユーザ名(req.authorization.basic.username)がパスワードファイルにない ...「User not registered」(ユーザ登録がされていません)。20行目。
- パスワードがパスワードファイルのものと一致しない ...「Password incorrect」(パスワードが誤っています)。29行目。

ルーティングが設定されているメソッドは GET、PUT、POST、DELETE、OPTIONS の 5 つだけです（72 ～ 76 行目）。サポート外のメソッドがリクエストされると、したがって「405 Method Not Allowed」が返ってきます（1.1 節）。正しいユーザ名とパスワードが提供されても、405 が優先されます。パスワード認証は Server.use() で準備されており、ルーティングが確定してからでなければ呼び出されないからです。

このとき、Allow に示されるのは、コード上、ルーティングが設定されているメソッドです。認証データに記述された allowed プロパティ値ではありません。

未定義の PATCH を試します。Allow に着目してください。

```
$ curl -ik https://localhost:8443/wine/selaks -u r.hawkeye:rifle -X PATCH
HTTP/1.1 405 Method Not Allowed
Server: restify
Allow: DELETE, GET, OPTIONS, POST, PUT        // コード上利用可能なメソッド
Content-Type: application/json
Content-Length: 60
Date: Thu, 04 Jan 2024 02:34:49 GMT
Connection: keep-alive
Keep-Alive: timeout=5

{"code":"MethodNotAllowed","message":"PATCH is not allowed"}
```

■ パスワード認証

パスワードファイルは JSON で記述されているので、fs.readFileSync() で同期的に読み込んでから、JSON.parse() でオブジェクトに直します。

```
 1 const fs = require('node:fs');
   ⋮
10 const passwdPath = path.join(__dirname, './data/passwd.json');
11 const passwd = JSON.parse(fs.readFileSync(passwdPath, {encoding: 'utf-8'}));
```

ユーザ認証と利用可能メソッドの認可は、自作のプラグイン関数 auth(req, res, next) から行います。

```
10 function auth(req, res, next) {
```

実行例で説明したように、認可までにはいくつかの条件をクリアしなければなりません。パスワードは、受信した平文の文字列（req.authorization.basic.password）をSHA-256ハッシュの16進数小文字表記に変換したうえで、パスワードファイルのものと比較することで照合します（24～31行目）。

```
20      let authUser = req.authorization.basic.username;
21      console.log(passwd[authUser].allowed);
22      let hash = crypto.createHash('sha256');
23      hash.update(req.authorization.basic.password);
24      let authPass = hash.digest('hex');
25      if (passwd[authUser].password !== authPass) {
26        message = 'Password incorect';
27      }
```

認証に失敗したときは、WWW-Authenticateヘッダを送ります（38～41行目）。

```
38    if (message) {
39      res.header('WWW-Authenticate', 'Basic realm="wine"')
40      return next(new errors.UnauthorizedError(message));
41    }
```

■ OPTIONSメソッドへの応答

OPTIONSメソッドに対しては、冒頭で述べたようにそのパスに対して利用可能なメソッドのリストをAllowヘッダに示します（58行目）。ボディはなくてかまわないので、ここでは空文字を送っています（59行目）。

```
56 function options(req, res, next) {
57   let authUser = req.authorization.basic.username;
58   res.header('Allow', passwd[authUser].allowed.join(', '));
59   res.send();
60   return next();
61 }
     ⋮
75 server.opts('/wine/:name', options);
```

2.3 流量制限

■目的

トラフィックの流量制限をします。

機械的にアクセスされることの多いRESTサーバでは、同じクライアントから短時間にたくさんのリクエストが舞い込むことがあります。また、膨大なデータを扱うことも少なくありません。ハイパフォーマンスなクラスタや高速ネットワークを有しているのでもなければ、そうしたときにはサービスの劣化は避けられません。そのため、RESTサーバでは、トラフィック量やCPUの利用率からアクセスを制限するのが一般的です。

このような制限は、しばしば「スロットル」（throttle）と称されます。オートバイのアクセルであるスロットルと同じで、これを絞る（戻す）ことで速度を落とす様子と似ているからです（日本語のスロットルはどちらかというとバリバリ全開なイメージが強いですが、英語では抑制や削減と同じ意味です）。

Restifyには`Server.use()`から利用できるスロットルのプラグインが3つ用意されています。

プラグイン	機能
`throttle`	送信元IPアドレスあるいはユーザ名をベースに制限。
`inflightRequestThrottle`	継続中のセッションの最大数を制限。
`cpuUsageThrottle`	CPUの利用状況に応じて制限。

本節では、送信元IPアドレス、`X-Forwarded-For` IPアドレス、またはユーザ名単位でアクセスを制限する`throttle`を用います。

`X-Fowarded-For`は、クライアントからのリクエストがプロキシやロードバランサなどの中継器によって転送されたとき（このとき、IPヘッダの送信元IPアドレスは中継器のものになる）、オリジナルのクライアントのIPアドレスを保持しておくヘッダフィールドです。インターネットの標準（RFC）で定義はされていませんが、広範に用いられています。

ユーザ名単位のときは、`Authorization`ヘッダフィールドに出てくるユーザ名が用いられます。`authorizationParser`プラグイン（2.1節）を用いなくても、`http.IncomingMessage`（`req`）の`username`プロパティにユーザ名が収容されます（ただし、パスワードなどその他の情報は解析されません）。もっとも、ヘッダがリクエストになければ役には立たないので、ユーザ認証が設けられていないサービスではさほど意味がありません。

3種類ある制限基準は、プラグインの引数に指定するオプションから選択します。IPアドレスなら`ip`に、`X-Forwarded-For`なら`xff`に、ユーザ名なら`username`に`true`をセットします。本節で使うのは ip です。

流量制限以上のリクエストに対しては「429 Too Many Requests」が応答されます。なお、ステータスコード 429 は HTTP のメイン仕様の RFC 9110 ではなく、次に示す「RFC 6585: Additional HTTP Status Codes」で定義されています。

https://www.rfc-editor.org/info/rfc6585

■ コード

トラフィック流量制限付きの HTTP REST サーバのコードを次に示します。

リスト 2.4 ● access-throttle.js

```
1  const restify = require('restify');
2  
3  
4  function respond(req, res, next) {
5    res.send({
6      message: 'I am good.'
7    });
8    return next();
9  }
10 
11 
12 let options = {
13   burst: 10,                              // 最大同時アクセス数
14   rate: 0.5,                              // req/sec
15   ip: true,                               // 送信元IPアドレスベース
16   setHeaders: true
17 }
18 
19 let server = restify.createServer();
20 server.use(restify.plugins.throttle(options));
21 server.get('/wine/:name', respond);
22 server.listen(8080);
```

■ バースト型 HTTP クライアント

実行例に入る前に、バースト状にアクセスするクライアントのコードを示します。いつもの curl には、複数の HTTP アクセスを連続して送信する機能がないからです。

リスト 2.5 ● util-ab.js

```
1 const http = require('node:http');
2 let count = 20;
3 let url = 'http://localhost:8080/wine/wine';
4
5 for(let i=0; i<count; i++) {
6   http.get(url, function(res) {
7     console.log(`${i} ${res.statusCode}`, res.headers);
8   });
9 }
```

HTTP クライアント（TLS/SSL 暗号化なし）には、Node.js ネイティブの HTTP モジュールを使います（1 行目）。モジュールには GET 専用クライアントの http.get() メソッドがあります（6 行目）。これは第 1 引数に指定した URL にアクセスし、第 2 引数のコールバック関数で返ってきた http.IncomingMessage オブジェクトを処理するタイプのメソッドです。ここでは、IncomingMessage の statusCode（整数値）と headers（オブジェクト）を表示しています（7 行目）。

http.get() はループに囲まれています。非同期メソッドなので、サーバとの通信が完了せずとも連続して count 回（2 行目）だけ実行されます。

非同期的、あるいはマルチスレッドで多数のリクエストを送信することでサーバの性能テストをするツールに、ab というのがあります。Apache Benchmark の略で、Apache Web サーバをインストールすると無料で付いてきます。ab の概要は次のオンラインマニュアルから調べられます。

https://httpd.apache.org/docs/2.4/programs/ab.html

ab 単体では提供されていないようなので、入用ならば次の URL から Web サーバごとダウンロードします。Windows 版もあります。

https://httpd.apache.org/download.cgi

■ 実行例

先に用意した util-ab.js からサーバにアクセスします。まずは 2 行目の count を 1 にして、1 回だけアクセスさせます。

```
$ node util-ab.js
0 200 {
  server: 'restify',
```

```
  'x-ratelimit-remaining': '9',
  'x-ratelimit-limit': '10',
  'x-ratelimit-rate': '0.5',
  'content-type': 'application/json',
  'content-length': '24',
  date: 'Fri, 05 Jan 2024 01:26:03 GMT',
  connection: 'keep-alive',
  'keep-alive': 'timeout=5'
}
```

0回目（最初の数値）の実行に対するステータスコードは、「200 OK」です。throttleプラグインは、通常のレスポンスにはないx-ratelimit-xxxというフィールドをヘッダに加えます。これら流量制限関連の独自仕様ヘッダ（x-で始まるフィールド）はGithubなどでも使われており、インターネットの標準化委員会（IETF）でも標準化の議論がありますが、まだ標準には至っていません。

countを20にして実行します。ヘッダはどれも同じなので、util-ab.jsの7行目のres.headersは省いて出力させます。

```
$ node util-ab.js
0 200
1 200
 ⋮
8 200
9 200
10 429
11 429
 ⋮
18 429
19 429
```

0から9の10発には200が返ってきますが、以降は流量制限に引っかかって「429 Too Many Requests」が返ってきます。

サーバのコンソールでは、制限中に次のようなログメッセージが自動的に表示されます。

```
{"level":30,"time":1704421234928,"pid":285,"hostname":"wineserver",
 "name":"restify","address":"::ffff:127.0.0.1","method":"GET","url":"/wine/wine",
 "user":"?","msg":"Throttling"}
```

throttleのオプション

throttleプラグインはいつものようにServer.use()から組み込みます（20行目）。

```
12 let options = {
13   burst: 10,                                // 最大同時アクセス数
14   rate: 0.5,                                // req/sec
15   ip: true,                                 // 送信元IPアドレスベース
16   setHeaders: true
17 }
   ⋮
20 server.use(restify.plugins.throttle(options));
```

引数のオプションのうち、主要なものを次の表に示します。

プロパティ	値の型	意味
burst	Number	並列して処理してよい最大瞬間リクエスト数。必須。
rate	Number	単位時間（秒）あたりの最大リクエスト数。必須。
ip	boolean	送信元IPアドレス単位で流量制限するなら、これをtrueにセットする。
username	boolean	ユーザ名単位で流量制限するなら、これをtrueにセットする。
xff	boolean	X-Forwarded-Forに示される送信元IPアドレス単位で流量制限するなら、これをtrueにセットする。
setHeaders	boolean	流量制限パラメータをレスポンスヘッダに示すならtrueをセットする。
overrides	Object	個別設定。

（オプションといいつつ）burstとrateは必須項目です。本コードではburstを10（13行目）にセットしているので、いちどきに11個以上のリクエストは処理されません。rateには0.5を設定しているので、1秒あたり0.5個（2秒に1回以上）のリクエストには429が応答されます。throttleはトークンバケットと呼ばれるアルゴリズムを使っているので、細かい動作については次に示すWikipediaの記事を参考にしてください。

https://ja.wikipedia.org/wiki/トークンバケット

必須オプションが指定されていなければ、次のようなエラーが上がります。

```
assert.js:22
    throw new assert.AssertionError({
    ^
AssertionError [ERR_ASSERTION]: options.burst (number) is required
```

ip、username、xff は前述のように制限の対象となる基準で、どれか 1 つだけ true にできます。どれも true でなければ次のようなエラーが発生します。

```
throttle.js:252
        throw new Error('(ip ^ username ^ xff)');
```

setHeaders に true をセットすると、レスポンスヘッダに x-ratelimit-remaining、x-ratelimit-limit、x-ratelimit-rate フィールドが加わります。後者 2 つはオプションで指定したパラメータ値を示します。最初の x-ratelimit-remaining は burst できる残数をカウントします。10 がセットされていれば、レスポンスには 9 が示されます。以下、順にデクリメントされていき、0 になったところで 429 メッセージに切り替わります。

util-ab.js の実行状況からこれを示します。

```
$ node util-ab.js
0 200 {
  server: 'restify',
  'x-ratelimit-remaining': '9',              // 1発目。残数9
 ⋮
1 200 {
  server: 'restify',
  'x-ratelimit-remaining': '8',              // 2発目。残数8
 ⋮
2 200 {
  server: 'restify',
  'x-ratelimit-remaining': '7',              // 3発目。残数7
 ⋮
9 200 {
  server: 'restify',
  'x-ratelimit-remaining': '0',              // 10発目。残数0
 ⋮
10 429 {
  server: 'restify',
  'x-ratelimit-remaining': '0',              // 11発目。制限オーバーの429
 ⋮
```

プラグインオプションのトップレベルのプロパティはグローバルに適用されます。ip=true が指定されているとして、どの IP アドレスでも同じ制限が適用されるという意味です。個別指定が必要なら、overrides プロパティから例外を規定します。次に示すのはマニュアル記載のサンプルで、IP アドレスが 192.168.1.1 のクライアントのみ最大瞬間リクエスト数を 0、単位時間あたりのリクエスト数を 0 にしています（どちらも無制限の意味）。

```
{
  overrides: {
    '192.168.1.1': {
      burst: 0,                        // 無制限
      rate: 0                          // 無制限
  }
}
```

2.4 メディア種別制限

目的

あらかじめ定められたメディア種別が懇請されなければ、リクエストを拒否します。

HTTP の仕様（RFC 9110）は、クライアントは Accept リクエストヘッダに受け取りたいメディア種別を指定することができると定めています。たとえば、同じ画像が JPG と PNG のどちらのフォーマットでも用意されているときは、PNG を送ってほしいと指示します。このメカニズムはコンテンツネゴシエーションと呼ばれます。

Restify は、デフォルトではクライアントの Accept リクエストは無視します。どんなメディアが懇請されても、たいていはどんなデータも application/json にして送信します。

この挙動は、acceptParser プラグインから変えられます。このプラグインを組み込むと、あらかじめ用意したメディア種別のリストに Accept が指定するメディアがあれば（デフォルト同様に）応答をし、なければ「406 Not Acceptable」を応答します。Accept ヘッダがなければ、Restify は前述のデフォルト動作に戻ります。

ただし、acceptParser は Accept が指定するメディア種別にデータ変換をするわけではありません。メディア変換のメカニズムは、このプラグインとやや関係はしていますが、別のものです。これについては 4.4 節で説明します。

仕様上 Accept リクエストヘッダには複数のメディア種別を指定でき、またそれらの優先順位を数値で示すこともできますが、acceptParser が読み取るのは、優先順位（q 値）と無関係に、最初に示されたメディア種別だけです。

本節のサーバは、次の 4 つのメディア種別を受け付けます。

- application/json ... JSON テキスト
- text/plain ... 普通のテキスト
- application/octet-stream ... 任意のバイト列
- application/javascript ... JavaScript スクリプト

これらは acceptable という Server インスタンスのプロパティに収容されています。

コード

特定のメディア種別だけを受け付ける REST サーバのコードを次に示します。

リスト 2.6 ● access-accept.js

```
 1 const restify = require('restify');
 2
 3 function respond(req, res, next) {
 4   res.send({message: 'Hello World'});
 5 }
 6
 7 let server = restify.createServer();
 8 server.use(restify.plugins.acceptParser(server.acceptable));
 9 server.get('/wine/:name', respond);
10 server.listen(8080);
11 console.log(server.acceptable);
```

実行例

サーバを起動すると、受け付けるメディア種別のリスト（コード 11 行目）が表示されます。

```
$ node access-accept.js
[
  'application/json',
  'text/plain',
  'application/octet-stream',
  'application/javascript'
]
```

Accept: text/plainを指定してアクセスします。上記リストに含まれているので、応答があります。ただし、メディア変換についてはデフォルト動作なので、Content-typeもボディもapplication/jsonです。

```
$ curl -i localhost:8080/wine/wine -H 'Accept: text/plain'
HTTP/1.1 200 OK
Server: restify
Content-Type: application/json
Content-Length: 25
Date: Sat, 03 Feb 2024 04:10:23 GMT
Connection: keep-alive
Keep-Alive: timeout=5

{"message":"Hello World"}
```

リストにないtext/htmlを試します。ステータスコードは406で、レスポンスボディのメッセージに受付可能なメディア種別が示されます。

```
$ curl -i localhost:8080/wine/wine -H 'Accept: text/html'
HTTP/1.1 406 Not Acceptable
Server: restify
Content-Type: application/json
Content-Length: 128
Date: Sat, 03 Feb 2024 04:12:58 GMT
Connection: keep-alive
Keep-Alive: timeout=5

{
  "code": "NotAcceptable",
  "message": "Server accepts: application/json,text/plain,
    application/octet-stream,application/javascript"
}
```

Acceptなしでリクエストすれば、デフォルトの挙動を示します。

```
$ curl -i localhost:8080/wine/wine
HTTP/1.1 200 OK
Server: restify
Content-Type: application/json
Content-Length: 25
```

```
Date: Sat, 03 Feb 2024 04:15:10 GMT
Connection: keep-alive
Keep-Alive: timeout=5

{"message":"Hello World"}
```

■ 対応可能なメディア種別

対応可能なメディア種別は、acceptParser プラグインをハンドラチェーンに組み込むとき、その引数から配列の形で指定します（8 行目）。

```
8 server.use(restify.plugins.acceptParser(server.acceptable));
```

実行例で示したように、server.acceptable には 4 つのメディアが収容されています。もちろん、['text/html', 'text/plain'] のように手作業で指定してもかまいません。

2.5 JSON Web Token

■ 目的

トークン方式でアクセスを制御します。

トークンには JSON Web Token（JWT）を使います。JWT は、その名が示すとおり JSON をベースにしているのでどんな情報でも収容できますが、セッションの概念のない HTTP での通信で、認証されたことを称する証明書として使われることが多いようです。たとえば、ユーザ名とパスワードを提示することで、この JWT を受け取ります。以降、認証が必要な場面では、ログイン情報そのものではなく、このトークンを提示することでアクセスが認められていることを証します。写真や免許証を提出して入館許可証を得たら、あとはそれを見せれば入館できるイメージです。

JWT はヘッダ、ペイロード、署名の 3 つの要素を連結した文字列です。メタデータを収容したヘッダ、認証に必要な情報を格納したペイロードはどちらも JSON テキストです。署名は 2 つの部分から生成された鍵付きのハッシュ値で、どちらの部分も改竄されていないことを証明するのに使われます。

JWTは、URLに記述しても問題のないフォーマットでなければなりません。そこで、ヘッダおよびペイロードは、URLの予約済み文字にひっかからないようにそれぞれ改良版Base64でエンコードします。「改良版」なのは、Base64ではURL予約文字の+と/が使われており、これを別の文字（-と_）に置き換えなければならないからです。これはBase64URLと呼ばれます（RFC 4648は「"URL and Filename safe" Base 64」と書いています）。

JWTの構造はこれだけわかっていれば、とりあえずは大丈夫です。JWTを生成したり、それが認証の証明となっているかを検証したりするメカニズムは、jsonwebtokenというパッケージが提供してくれるので、暗号学的な細かいことまで知らなくても話が済むからです。概要は次に示すWikipediaのページから調べられます。

https://ja.wikipedia.org/wiki/JSON_Web_Token

より詳細な仕様を知りたいときは、「RFC 7519: JSON Web Token (JWT)」を参照してください。

https://www.rfc-editor.org/info/rfc7519

エンドポイントには`/login`と`/wine/:wine`を用意します。前者はトークンを取得するためのもので、`POST`のみを受け付けます。後者は普通のエンドポイントで、クライアントは`/login`から取得したトークンを`Authorization`ヘッダに示してアクセスします。サーバはトークンを検証し、正統なものならば`/wine/:wine`のリソースを返信します。不正なトークンなら、「401 Unauthorized」を返します。

トークンの取得と利用の通信手順は次のとおりです。

①クライアントは、`POST /login`にユーザ名とパスワードをリクエストボディに載せて送信します。このとき、送信データがJSONテキストであることを明示するために、リクエストヘッダに`Content-Type: application/json`を示します。ボディのフォーマットは、次の格好のJSONオブジェクトとします。

```
{"name": "ユーザ名", "pass": "パスワード"}
```

②サーバは、受信したユーザ名とパスワードを確認します。認証情報は、次のようにサーバ内部にハードコーディングで収容されているとします（コード6～9行目）。2.1節のオブジェクトの配列や2.2節のユーザ名をキーとしたオブジェクトからさらに、プログラミングのしやすいように恰好を変えています。

```
const passwd = {
  "w.rockbell": "automail",
  "r.hawkeye": "rifle"
};
```

③サーバは自身の秘密鍵を使ってトークンを生成します。トークンの寿命は1時間とし、ハッシュ関数にはSHA-256を使います。そして、トークンを次のフォーマットのJSONテキストに収容してレスポンスボディから返信します。

```
{
  "token":"eyJhbGciOiJIUzI1NiIsInR5cCI6IkpXVCJ9…",
  "message":"Your token lasts 3600s"
}
```

④クライアントは、このトークンを`Authorization: Bearer <token>`ヘッダに載せて、`GET /wine/:wine`にアクセスします。トークンが正統なら、サーバは「200 OK」とともにリソースデータを返します。不正なら「401 Unauthorized」です。`Bearer`という認証タイプの`Authorization`ヘッダは次のURLに示す「RFC 6750: The OAuth 2.0 Authorization Framework: Bearer Token Usage」で定義されています。

https://www.rfc-editor.org/info/rfc6750

■ jsonwebtokenパッケージ

JWTの生成と検証には、npmパッケージのjsonwebtokenを用います。インストールがまだならば以下の要領でダウンロードしてください。

```
npm install jsonwebtoken
```

jsonwebtokenのページは次のとおりです。

https://www.npmjs.com/package/jsonwebtoken

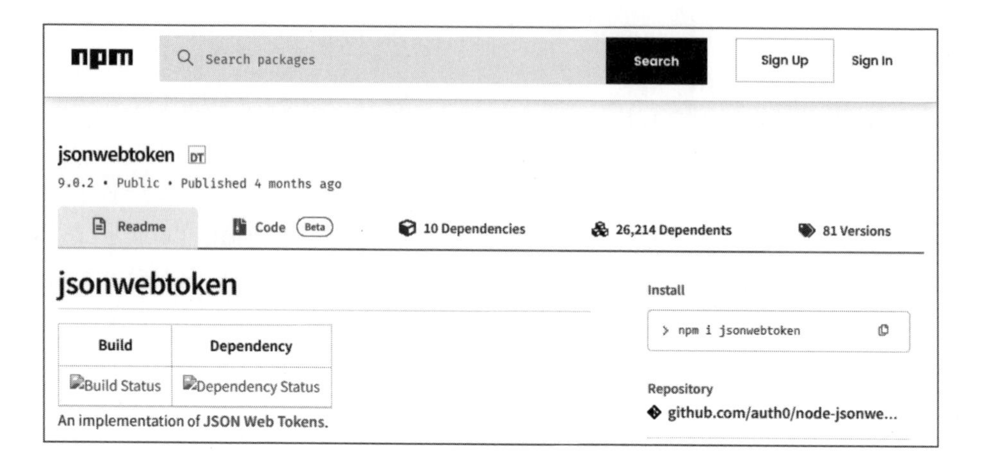

jsonwebtoken の関数は、1 つで同期と非同期のどちらのタイプも提供します。末尾の引数にコールバック関数が指定されていれば、非同期的に動作します。なければ同期的です。本節では同期的に使用します。

■ コード

JWT 認証の REST サーバのコードを次に示します。

リスト 2.7 ● access-jwt.js

```
1  const restify = require('restify');
2  const errors = require('restify-errors');
3  const jwt = require('jsonwebtoken');
4
5
6  const passwd = {
7    "w.rockbell": "automail",
8    "r.hawkeye": "rifle"
9  };
10 let key = 'secret';
11
12
13 function auth(body) {
14   console.log('Request body: ', body);
15
16   let name = body.name;
17   let pass = body.pass;
18   if (name == undefined || pass == undefined || passwd[name] == undefined)
```

```
19        return undefined;
20      if (passwd[name] === pass)
21        return name;
22
23      return undefined;
24    }
25
26    function generateToken(req, res, next) {
27      let name = auth(req.body);
28      if (name == undefined)
29        return next(new errors.UnauthorizedError('Who are you?'));
30
31      let now = Math.floor(Date.now() / 1000);
32      let payload = {
33        iss: server.name,
34        sub: name,
35        aud: '/wine/:wine',
36        exp: now + 3600,
37        nbf: now,
38        iat: now,
39        jti: Math.random().toString().substring(2)
40      }
41
42      let token = jwt.sign(payload, key);
43      console.log(`Token generated: ${token}`);
44
45      res.send({token: token, message: 'Your token lasts 3600s'});
46      return next();
47    }
48
49
50    function verify(req) {
51      let authorization = req.headers['authorization'];
52      console.log(`Authorization request header: ${authorization}`);
53      let [bearer, token] = authorization.split(/\s+/);
54      if (bearer.toLowerCase() != 'bearer')
55        return false;
56
57      try {
58        let decoded = jwt.verify(token, key);
59        console.log(decoded);
60      } catch(err) {
61        console.log(err.toString());
```

```
62      return false;
63    }
64    return true;
65  }
66
67  function respond(req, res, next) {
68    if (verify(req) === true) {
69      res.send({message: 'Your are an authorized user!'});
70      return next();
71    }
72    else {
73      return next(new errors.UnauthorizedError('Token not verified.'));
74    }
75  }
76
77
78  let server = restify.createServer();
79  server.use(restify.plugins.bodyParser());
80  server.post('/login', generateToken);
81  server.get('/wine/:wine', respond);
82  server.listen(8080);
```

クライアントは Authorization ヘッダを介してトークンをサーバに送りますが、2.1 節で利用した authorizationParser プラグインは使用しません。未対応の Bearer の入ったフィールド値を受信すると、エラーを上げるからです。ここでは手作業でフィールド値を解析します（51 ～ 55 行目）。

JWT を生成あるいはデコードするときに用いる秘密鍵は、（あろうことか）10 行目でハードコードしています。セキュリティなヒトに怒られたら、起動時に標準入力から入力させる、環境変数から読み込むなど、お好みの手段を講じてください。

■ 実行例

POST /login からトークンを懇請します。

```
$ curl localhost:8080/login -H 'Content-type: application/json' -X POST \
    -d '{"name":"r.hawkeye", "pass":"rifle"}'
{
  "token": "eyJhbGciOiJIUzI1NiIsInR5cCI6IkpXVCJ9…MC6nya1itOphzV7km4eyJhbG",
  "message": "Your token lasts 3600s"
}
```

トークンは POST データに応じて長さが変わります。ここでは 200 文字以上もあるので、途中省略しています。

このトークンが正しいフォーマットか（パスワードがあっているあっていない以前に、仕様にのっとった格好になっているか）は、jwt.io のページから確認できます（クラウド型認証プラットフォームの Auth0 が運営しているサイトです）。

```
https://jwt.io/
```

画面上部中央に「Algorithm」プルダウンメニューがあるので、HS256（HMAC + SHA-256）を選択します（通常、これがデフォルト）。画面左の「Encoded」欄のパネルに JWT を貼り付けると、右の「Decoded」欄にヘッダ（固定値）、ペイロード（コード 32 ～ 40 行目で定義したもとデータ）が表示されます。

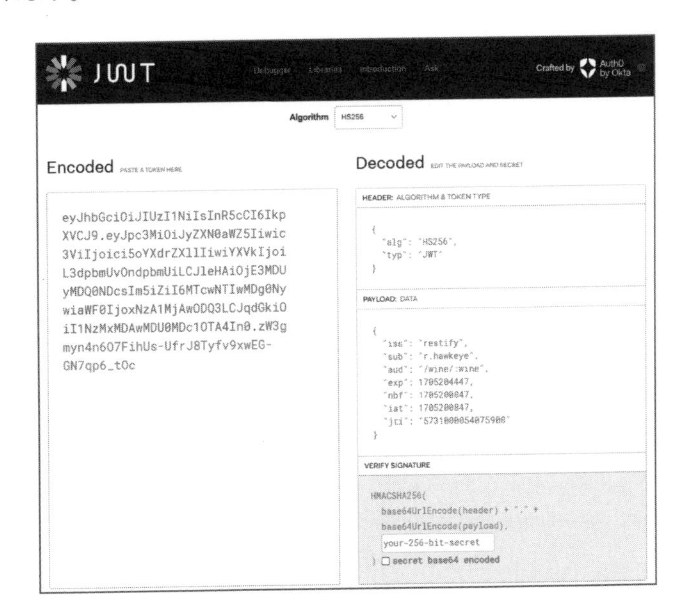

受信したトークンは長くて覚えられないので、シェル変数 $token に収容しておきます。

GET /wine/wine にアクセスします（シェル変数を展開するので -H の引数は二重引用符でくくります）。

```
$ curl localhost:8080/wine/wine -H "Authorization: Bearer $token"
{
  "message": "Your are an authorized user!"
}
```

トークンが正しくなければ 402 が返ってきます。ここでは、トークン末尾に文字「1」を足しています。

```
$ curl -i localhost:8080/wine/wine -H "Authorization: Bearer ${token}1"
HTTP/1.1 401 Unauthorized
Server: restify
Content-Type: application/json
Content-Length: 55
Date: Sun, 14 Jan 2024 00:09:51 GMT
Connection: keep-alive
Keep-Alive: timeout=5

{
  "code": "Unauthorized",
  "message": "Token not verified."
}
```

トークンは 3600 秒で無効になります。1 時間後に同じトークンを試せば、上記と同じ結果になります。

■ トークンの生成

POST /login はトークンを生成します。

```
26 function generateToken(req, res, next) {
27   let name = auth(req.body);
28   if (name == undefined)
29     return next(new errors.UnauthorizedError('Who are you?'));
   ⋮
79 server.use(restify.plugins.bodyParser());
80 server.post('/login', generateToken);
```

リクエストボディにはユーザ名とパスワードを示した JSON オブジェクトが載っているので、bodyParser プラグインで解読します（79 行目）。1.5 節で述べたように、このプラグインは Content-Type リクエストヘッダの値にもとづいてボディを分解するので、フィールド値には application/json が指定されていなければなりません。

POST /login の処理関数の generateToken() は、ボディ（req.body）のユーザ名がユーザデータベース（6 ～ 9 行目）にあるか、あればそのパスワードが正しいかを auth() メソッド（13 ～ 24

行目）で確認します。このメソッドはユーザが存在してパスワードが正しければそのユーザ名を、そうでなければ undefined を返します。undefined なら 401 を返します（29 行目）。

本節冒頭で述べたように、JWT はヘッダ、ペイロード、シグニチャの 3 部構成になっています。いずれも文字列で、それぞれがドット . で連結されています。実行例のトークンから示します。

```
ヘッダ          ペイロード                                 シグニチャ
eyJhbGc…VCJ9.eyJpc3MiOiJyZXN0aWZ5Iiwic…0ODM4ODI1NTA3In0.TnH8l5aCc…hzV7km4
```

ヘッダ部分には、使用するアルゴリズムとトークンの種類が収容されます。jsonwebtoken モジュールのデフォルト設定ではアルゴリズムは HS256（HMAC + SHA-256）、種類は JWT です。デフォルトのまま使うので、ヘッダは操作の必要がありません。

ペイロード部分をセットしているのが 31 〜 40 行目です。

```
31  let now = Math.floor(Date.now() / 1000);
32  let payload = {
33    iss: server.name,
34    sub: name,
35    aud: '/wine/:wine',
36    exp: now + 3600,
37    nbf: now,
38    iat: now,
39    jti: Math.random().toString().substring(2)
40  }
```

ペイロードは（Base64URL でエンコードされる前は）このようなオブジェクトを JSON テキスト化したものです。それぞれのプロパティを JWT の用語ではクレーム（請求）といいますが、ここではただのプロパティと呼びます。プロパティキーが 3 文字の短縮形になっているのは、短くすればするほどトークンが短くなるからです。これら短縮形には、次の表に示すあらかじめ定められたもとの名称と意味／用途があります。

キー	もとの名称	データ型	意味
iss	Issuer（発行者）	文字列／ URL	このトークン生成した認証サーバ。
sub	Subject（対象者）	文字列／ URL	このトークンを使うクライアント。
aud	Audience（利用者）	文字列／ URL	このトークンを（クライアントから）受け取る者。たとえば、認証を必要とするサーバ。

キー	もとの名称	データ型	意味
exp	Expiration（有効期限）	日時	この時刻以降では、トークンは無効。
nbf	Not Before（開始時刻）	日時	この時刻以前では、トークンは無効。
iat	Issued At（発行時刻）	日時	このトークンを発行した時刻。
jti	JWT ID（識別子）	文字列	この JWT の一意な識別子。

データ型の「文字列／ URL」は任意の文字列または URL 文字列という意味です。文字列にコロン：が含まれていればそれは URL と解釈されます。

本コードでは、iss にはサーバ文字列（Server.name）を、sub にはクライアントが送信してきたユーザ名を、aud にはリソースのエンドポイントをセットしています。これらプロパティの解釈はそれぞれのサービスに委ねられているので、ある意味、どのような中身であってもかまいません。だれでも解読できる JWT のペイロードにユーザ名を入れておくのが拙いと考えられるなら、他と入れ替えてください。

「日時」は JSON 数値で、Unix エポック時刻（1970 年 1 月 1 日）からの秒数です。タイムゾーンは UTC（GMT）です。JavaScript の Date はミリ秒単位なので、Date の値は 1000 で割ってから使います（31 行目）。タイミングについては、あまり厳密に考えなくともよいと仕様（RFC 7519）は述べています。必ずしもすべてのコンピュータの時刻が正確に同期しているわけではないからです。

本コードでは、有効期限 exp は生成したタイミングから 1 時間後（3600 秒）にしました（36 行目）。トークンに寿命を設けるのは重要です。

jti はトークンの一意な識別子です。どのような文字列にすべきかの規定はないので、このサーバが生成する値で重複がなければ、なんでもかまいません。識別子チェックをしていないここでは、ランダム数を割り当てています。

ペイロードにパスワードそのものは入れません。単純に Base64URL 化されるだけなので（暗号化されるわけではない）、トークンを奪取できればパスワードも抜かれてしまうからです。

ペイロードが用意できたら、jsonwebtoken.sign() メソッドからトークンを生成します（42 行目）。

```
 3 const jwt = require('jsonwebtoken');
     ⋮
10 let key = 'secret';
     ⋮
42   let token = jwt.sign(payload, key);
```

第 1 引数にはペイロード（オブジェクト）を、第 2 引数には秘密鍵（UTF-8 文字列）を指定します。メソッドは（コールバック関数の指定がないので）同期的に動作し、トークン文字列を返します。普通、秘密鍵をコードに平文で埋め込んだりはしません。

第3引数からはオプションを指定できます。とくに重要なオプションはalgorithmで、ヘッダに示すハッシュアルゴリズムを指定します。デフォルトはHS256（HMAC + SHA-256）です。たとえば、次のように指定します。

```
42  let token = jwt.sign(payload, key, {algorithm: 'RS256'});
```

RS256はRSASSA-PKCS1-v1_5 + SHA-256で、仕様が推奨（HS256のように必須ではない）するアルゴリズムで、jsonwebtokenもサポートしています。

■ トークンの検証

クライアントからのGET /wine/:wineがリクエストされたら、トークンを検証します。

```
67 function respond(req, res, next) {
68   if (verify(req) === true) {
69     res.send({message: 'Your are an authorized user!'});
70     return next();
71   }
72   else {
73     return next(new errors.UnauthorizedError('Token not verified.'));
74   }
75 }
    ⋮
81 server.get('/wine/:wine', respond);
```

トークンはAuthorization: Bearerヘッダに収容されていますが、このスタイルのヘッダを解析するプラグインはないので、68行目で呼び出している自作のverify()メソッドでチェックします。メソッドが検証されればtrueを、そうでなければfalseを返します。falseなら「401 Unauthorized」エラーを返します（73行目）。

verify()メソッドは50～65行目で定義しています。メソッドはreq（http.IncomingMessage）を受け取ると、最初にAuthorizationヘッダを分解します。

```
50 function verify(req) {
51   let authorization = req.headers['authorization'];
52   console.log(`Authorization request header: ${authorization}`);
```

```
53    let [bearer, token] = authorization.split(/\s+/);
54    if (bearer.toLowerCase() != 'bearer')
55      return false;
```

Bearerとトークン文字列の間はスペースで区切られているので、string.split()で分解します（53行目）。トークンはBase64URLでエンコーディングされているので、空白文字は含みません。安心して/\s+/で分解できます。念のため、フィールド値がBearerであるかを確認し、そうでなければ（たとえば誤ってBasicが書かれていた）、falseを返します。

トークンが得られたら、jsonwebtoken.verify()メソッドで検証します（58行目）。

```
57    try {
58      let decoded = jwt.verify(token, key);
59      console.log(decoded);
60    } catch(err) {
61      console.log(err.toString());
62      return false;
63    }
64    return true;
```

第1引数にはトークンを、第2引数には秘密鍵（トークンを生成したものときと同じもの）を指定します。戻り値はデコードされたトークンのペイロード部分（JavaScriptオブジェクト）です。59行目の出力例を次に示します。

```
{
  iss: 'restify',
  sub: 'r.hawkeye',
  aud: '/wine/:wine',
  exp: 1705214743,
  nbf: 1705214683,
  iat: 1705214683,
  jti: '9648661461929187'
}
```

検証に失敗するとJsonWebTokenError、TokenExpiredError、NotBeforeErrorのいずれかの例外が上がります（60行目）。

最初のものは、トークンそのものが誤っている（invalid token）、形が崩れている（jwt malformed）、署名部分がない（jwt signature is required）、署名が誤っている（invalid signature）など全般的なエラーを示します。実行例で本来のトークン末尾に「1」を加えたらエラーになりましたが、そのときの例外（61 行目）は次のとおりです。

```
JsonWebTokenError: invalid signature
```

2 番目はトークンの有効期限が切れたとき、つまり現在時刻が exp の時刻よりもあとのときに上がります。実行例で、トークン生成から 1 時間以上待ってアクセスしたときの出力を次に示します。

```
TokenExpiredError: jwt expired
```

最後のものは、現在時刻が nbf 時刻よりも前のときに上がります。

第3章 バックエンドデータベース

本章では、バックエンドのデータベースと相互作用をするRESTサーバを作成します。

といっても、これまでハードコーディングしてきたオブジェクトやファイルをデータベースに置くというだけで、RESTメカニズムそのものに変更はありません。つまり、Restifyスクリプトにデータベースドライバを組み込むのが主たる作業です。実装するデータベース操作は、SQLでいえば次のものです。

- `SELECT * FROM collection WHERE key = value`
- `SELECT COUNT(*) FROM collection`
- `SELECT col1, col2, ... FROM collection WHERE key = value ORDER BY ... LIMIT ...`
- `INSERT INTO collection ( ... ) VALUES ( ... )`
- `DELETE FROM collection WHERE key (ops) value`（opsは比較演算子）
- `SHOW DATABASES`
- `SHOW TABLES`
- `ALTER TABLE colletion RENAME TO new_collection`
- `UPDATE collection SET key=value WHERE key=value1`

3.1 データベース、ドライバ、データ

データベース

使用するデータベースはMongoDBです。JSONデータの収容に特化しており、RESTとの親和性が高いという特徴があります。

MongoDBにはスタンドアローン版（自分の環境にインストールして運用）もありますが、ここではクラウドサービス版のAtlasを利用します。アカウントを作成するだけで、無償で使い始められて便利です。無償版はストレージなどのリソースが少ないのが難点ですが、使い勝手を確認するぶんには問題ありません。有償版へはストレスなしで移行できます。

Atlasの画面例を次に示します。

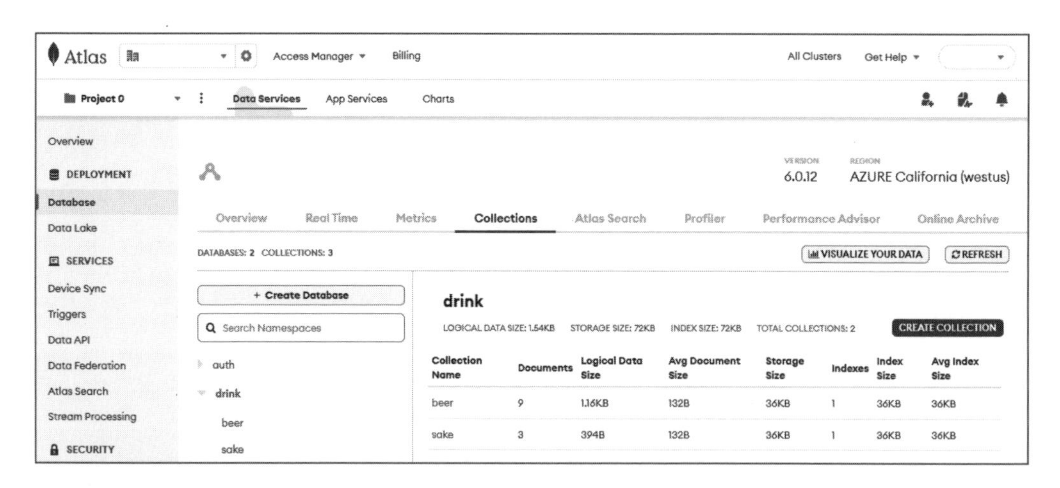

ここでは、すでにMongoDB Atlasアカウントを作成し、操作できるデータベース、コレクション、ドキュメントがある程度用意できているとして話を進めます。まだならば、第8章から準備してください。基本的な用法（フィルタ操作など）もそちらで説明しています。

データベースドライバ

データベースとの接続には、MongoDBが提供する公式Node.js用ドライバを利用します。npmのパッケージ名はmongodbです。

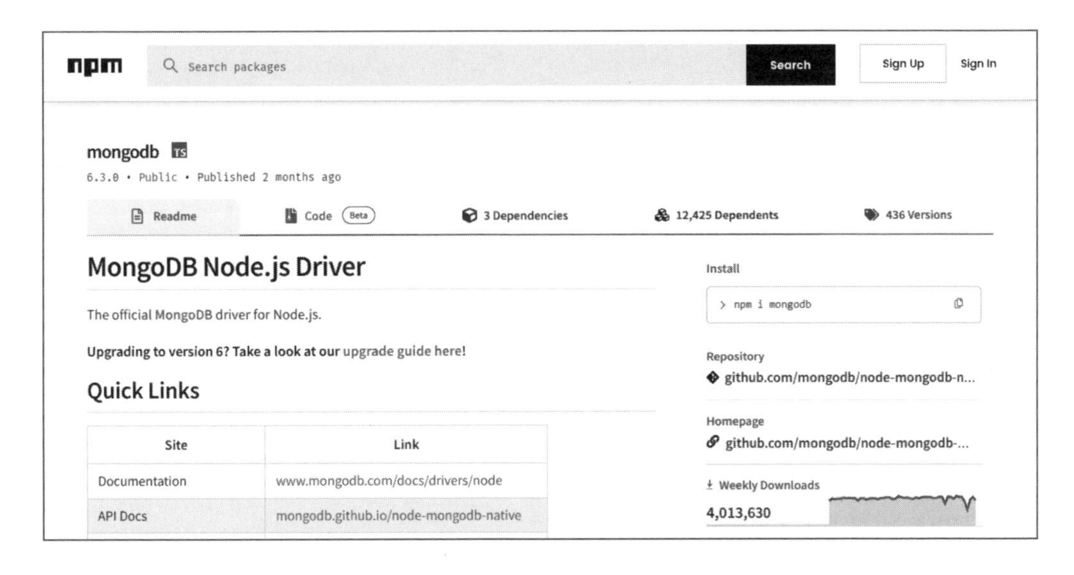

まだインストールしていないのなら次の要領でインストールします。

```
$ npm install mongodb
```

■ データベースの設定

本章では２つのデータベースを使用します。

1つは drink データベースで、その中には次に示す beer コレクション（テーブル）が収容されています（MongoDB ドキュメントに必ず加わる _id は割愛しています）。これは、GET で取得したり PATCH で更新したり POST で新規追加したりする操作対象のデータです。

```
[
  {
    "sku": "BL001",
    "name": "Steinlager Tokyo Dry",
    "price": 25.99,
    "container": "bottle",
    "type": "lager"
  },
  {
    "sku": "BL002",
    "name": "Heineken",
```

```
      "price": 22.89,
      "container": "can",
      "type": "lager"
    },
    {
      "sku": "BA001",
      "name": "Speight's Gold Medal Ale",
      "price": 20.99,
      "container": "bottle",
      "type": "ale"
    },
    {
      "sku": "BA002",
      "name": "Stoke Indian Pale Ale",
      "price": 25.99,
      "container": "can",
      "type": "ale"
    }
]
```

sku（在庫品目番号）フィールドはリソース名として使えるよう、一意な値と安定した形式で記述します。たとえば、GET /beer/BL001でリソース（上記では配列要素1つ）が取得できます。nameフィールドをリソース名としてもよいのですが、そうすると、スペースやアポストロフィのためにエンドポイントが読み書きしにくくなります。

もう1つはauthデータベースで、passwordコレクションを収容しています。これは、Authorization: Basicを介してユーザ認証をするときに用いるのもで、2.1節と同じものです（こちらも_idは割愛）。

```
[
  {
    "username": "r.hawkeye",
    "password": "rifle"
  },
  {
    "username": "w.rockbell",
    "password": "automail"
  }
]
```

どちらも、出版社ダウンロードサービスからJSONファイルとしてダウンロードできます（data/

beer.json と data/passwd.json です）。

用語

データベースの構造を示す用語は、リレーショナルデータベースと MongoDB で異なりますが、おおむね次の対応になっています。

リレーショナル	MongoDB	スプレッドシート
データベース	データベース	ファイル
テーブル（表）	コレクション	シート（タブ）
レコード（行）	ドキュメント	行
コラム（列）	フィールド	列

詳しくは、8.1 節を参照してください。

3.2 GET

目的

エンドポイント /beer/:sku に GET アクセスがあれば、:sku にマッチするリソースを返します。中身は、データベースアクセスをしているという以外、1.5 節の GET 処理と同じです。

コード

MongoDB をバックエンドデータベースにした GET 対応 REST サーバのコードを次に示します。

リスト 3.1 ● mongo-get.js

```
1 const restify = require('restify');
2 const errors = require('restify-errors');
3 const mongo = require('mongodb');
4
5
6 let server = restify.createServer();
7 server.get('/beer/:sku', respond);
8
9
10 let url = process.argv[2];
```

```
11 let client = new mongo.MongoClient(url);
12 client.connect()
13 .then(function() {
14   console.log('Connected to Mongo');
15   server.listen(8080);
16 });
17
18
19 process.on('SIGINT', function() {
20   client.close()
21   .then(function() {
22     console.log('Diconnected from MongoDB');
23     process.exit(0);
24   });
25 });
26
27
28 async function action(filter) {
29   let collection = client.db('drink').collection('beer');
30
31   let cursor = collection.find(filter);
32   let result = [];
33   for await (let doc of cursor) {
34     result.push(doc);
35   }
36
37   return result;
38 }
39
40 function respond(req, res, next) {
41   let filter = {sku: req.params.sku};
42   console.log('Querying Mongo about', filter);
43
44   action(filter)
45   .then(function(result) {
46     if (result.length === 0)
47       return next(new errors.NotFoundError(`No '${req.params.sku}'`));
48     res.send(result);
49     return next();
50   })
51   .catch(function(err) {
52     return next(new errors.InternalServerError(err.toString()));
53   });
54 }
```

用いるモジュールは restify、restify-errors、mongodb の３点だけで（1 ～３行目）、本章のスクリプトすべてで共通です。

■ 実行例

引数に接続文字列（URL）を指定して実行します。

```
$ node mongo-get.js \
    mongodb+srv://<username>:<password>@<cluster>.<subdomain>.mongodb.net/
```

自分の MongoDB Atlas データベースにアクセスする URL 文字列の取得方法は、8.5 節を参照してください。

データベースとの接続が完了したら、コンソールにはその旨表示されます（コード 14 行目）。サーバ起動から少し時間がかかります。このメッセージが表示されるまでは、REST アクセスはできません（サーバはまだ待ち受けていない）。

```
Connected to Mongo
```

クライアントからのアクセス方法はいつものとおりです。エンドポイント末尾にはドキュメントの sku の値を指定します。

```
$ curl localhost:8080/beer/BL001
[
  {
    "_id": "65b0682742726b4131184e37",
    "sku": "BL001",
    "name": "Steinlager Tokyo Dry",
    "price": 25.99,
    "container": "bottle",
    "type": "lager"
  }
]
```

drink.beer コレクションで sku が BL001 なドキュメントは 1 つしかありませんが、[] でくくられた配列が返されます。これは、フィルタリング操作の {field: value} が複数のマッチを出力するからです。リレーショナルデータベースでいえば次の SQL に相当する操作です。

```
SELECT * FROM drink.beer WHERE sku = "BL001";
```

MongoDBのフィルタリングについては8.4節を参照してください。

マッチするリソースがないときは、「404 Not Found」が返ってきます。次の用例は、誤って名称を指定したケースです。

```
$ curl -i localhost:8080/beer/Steinlager
HTTP/1.1 404 Not Found
Server: restify
Content-Type: application/json
Content-Length: 47
Date: Wed, 24 Jan 2024 02:16:16 GMT
Connection: keep-alive
Keep-Alive: timeout=5

{
  "code": "NotFound",
  "message": "No 'Steinlager'"
}
```

エンドポイントにSKU名がなければ空文字''を検索するため、これも404になります。

```
$ curl -i localhost:8080/beer/
HTTP/1.1 404 Not Found
Server: restify
Content-Type: application/json
Content-Length: 37
Date: Wed, 24 Jan 2024 02:18:23 GMT
Connection: keep-alive
Keep-Alive: timeout=5

{
  "code": "NotFound",
  "message": "No ''"
}
```

■ データベース接続

起動したら、サーバを立ち上げる前にデータベースに接続します。ネットワーク経由でのデータベース接続には時間がかかるからです。データベース接続には`MongoClient`クラスを使います（11行目）。

```
10 let url = process.argv[2];
11 let client = new mongo.MongoClient(url);
```

コンストラクタの第1引数にはMongoDBのURLを指定します。ここではコマンドライン引数をそのまま用いています。

ここでは指定していない第2引数optionsには、オブジェクトの形式でオプションパラメータを指定します。全部で60種類くらいあります。たとえば、ユーザ情報（username:password）をURLに含まずにオプションから指定するなら、authオプションを使います。その値はオブジェクトで、usernameとpasswordのキーからそれぞれの情報を文字列から指定します。10～11行目は次のようになります。

```
10 let url = process.argv[2];
   let options = {
     auth: {
       username: "renge",
       password: "nyan-pass"
     }
   }
11 let client = new mongo.MongoClient(url, options);
```

オプションの詳細は、MongoDB Node.js DriverマニュアルのMongoClientOptionsを確認してください（8.3節参照）。

MongoClientインスタンスが生成されたら、そのメソッドのconnect()で接続します。引数はありません。

```
12 client.connect()
```

MongoClient.connect()はPromiseを返します。このPromiseは、解決するとMongoClientオブジェクトを渡します。ここでは、それを.then()でつなぎ、その中でRESTサーバのlisten()を呼び出します。つまり、データベースに接続できてからサーバを起動します。

```
13 .then(function() {
14   console.log('Connected to Mongo');
15   server.listen(8080);
16 });
```

実行してみるとわかりますが、14 行目のメッセージが表示されるのは存外とあとになります。

■ データベース切断

データベースとの接続は、サーバがCtrl-Cで終了する直前に切断します。この処理をしているのが19～25行目のSIGINTのトラップです。

```
19 process.on('SIGINT', function() {
20   client.close()
21   .then(function() {
22     console.log('Diconnected from MongoDB');
23     process.exit(0);
24   });
25 });
```

SIGINTが上がってきたら、MongoClient.close()メソッドからデータベース接続を切断します（20行目)。このメソッドはPromiseを返します。解決時にはなにも引き渡されません（21行目の無名関数function()の引数が空)。

切断が完了したらプロセスそのものを終了します（23行目)。もっとも、データベース接続を巻き込んで唐突にプロセス終了をしてもたいていは問題はありません。

■ データベースアクセス

データベースコレクションからのデータ抽出は、28～35行目の関数から行っています。

```
28 async function action(filter) {
29   let collection = client.db('drink').collection('beer');
30 
31   let cursor = collection.find(filter);
32   let result = [];
33   for await (let doc of cursor) {
34     result.push(doc);
35   }
36 
37   return result;
38 }
```

関数定義にasyncキーワードを冠しているのは、非同期的でPromiseを返すタイプの多いMongoDB Node.jsドライバ関数を、順次処理するのに都合がよいからです。

この関数はドキュメント（JavaScript オブジェクト）の配列（37 行目）を解決する Promise を返します（呼び出している 44 行目では、その戻り値に .then() をそのままかけている）。

最初はコレクションへのアクセスです（29 行目）。

MongoClient.db() はデータベースインスタンス（Db）を生成するメソッドです。引数にはデータベース名とオプションオブジェクトを指定します。後者はここでは用いていません。

この部分

```
29    let collection = client.db('drink').collection('beer');
```

データベース名は接続 URL に含まれているときは指定する必要はありません。たとえば、URL が次のように末尾にデータベース名 drink を付けていたとします。

```
mongodb+srv://renge:nyan-pass@miyauchi.example.mongodb.net/drink
```

このとき、29 行目は次のように書けます。

```
29    let collection = client.db().collection('beer');
```

コレクションを選択するには、データベースインスタンスのメソッド collection() を使います。引数にはコレクション名とオプションオブジェクトを指定します。後者はここでは用いていません。

この部分

```
29    let collection = client.db('drink').collection('beer');
```

このメソッドは Collection オブジェクトを返します。以降、コレクションの中身にはここからアクセスします。

■ フィルタリング（find メソッド）

コレクションからデータを抽出するには、Collection.find() メソッドを使います（31 行目）。

```
31    let cursor = collection.find(filter);
```

引数にはフィルタとオプションを指定します。ここではオプションの指定がないので、すべてデフォルトの動作です。

フィルタはAtlasの「Filter」パネルから入力するものと同じで、フィールドskuの値がBL001のドキュメントを検索するのなら、{sku: "BL001"}のようにフィールド名と値のオブジェクトを指定します（簡単ですが、説明は8.4節にあります）。これは、次のSQLと等価です。

```
SELECT * FROM beer WHERE sku = 'BL001';
```

メソッドの戻り値はFindCursorオブジェクトです。カーソル（cursor）はデータベース用語で、表の行位置を指し示すポインタのイテレータ（反復可能オブジェクト）です。ファイルならファイルポインタに相当します。位置だけの情報であり、ドキュメントの配列ではない点に注意してください。

反復可能なので、ループにかけて順次ドキュメントを取り出せます。32～35行目はカーソルループでドキュメントを逐次抽出しています。

```
32    let result = [];
33    for await (let doc of cursor) {
34      result.push(doc);
35    }
```

FindCursorから次のオブジェクトを取得するnext()メソッドは、Promiseを返します。33行目がfor-await-ofという特殊な構文になっているのはそのためです。詳しくは次のMDNのドキュメントを参照してください。

https://developer.mozilla.org/ja/docs/Web/JavaScript/Reference/Statements/for-await...of

上記でループを組んでいるのはカーソルの性質を説明するためで、実用的には、カーソルがポイントするすべてのドキュメントを配列で返すtoArray()メソッドを使うのが一般的です。これを使えば、上記32～36行目は次の1行に置き換えられます。

```
32    let result = await cursor.toArray();
```

この方法は3.3節で活用します。

Collectionには条件にマッチするドキュメントを操作するメソッドがいくつも用意されています。次に代表的なものを示します。いずれも引数にはフィルタとオプションが指定できます。

メソッド	機能	SQLでは
countDocuments()	フィルタにマッチするドキュメントの個数を返す。	SELECT COUNT(*) FROM collection WHERE <filter>;
deleteMany()	フィルタにマッチするドキュメントをすべて削除する。	DELETE FROM collection WHERE <filter>;
deleteOne()	フィルタにマッチする最初のドキュメントを削除する。	DELETE FROM collection WHERE <filter> LIMIT 1;
find()	フィルタにマッチするドキュメントをすべて返す。	SELECT * FROM collection WHERE <filter>;
findOne()	フィルタにマッチする最初のドキュメントを返す。	SELECT * FROM collection WHERE <filter> LIMIT 1;
insertMany()	ドキュメントの配列を挿入する。	実装依存
insertOne()	単一のドキュメントを挿入する。	INSERT INTO collection VALUES (documnet);
updateMany()	フィルタにマッチするドキュメントをすべて更新する。	UPDATE collection <update fileter> where <filter>;
updateOne()	単一のドキュメントを挿入する。	UPDATE collection <update fileter> where <filter> LIMIT 1;

メソッドには、マッチするすべてのドキュメントを対象にするMany()と最初のものだけを操作するOne()の2タイプが用意されているところがポイントです。

これらメソッドについては本章で順次取り上げていきます。

ルートパラメータとフィルタ

このサーバはGET /beer/:skuだけを処理します（6～7行目）。

```
6 let server = restify.createServer();
7 server.get('/beer/:sku', respond);;
```

ルートパラメータ:skuの値はreq.params.skuに収容されているので、フィルタは41行目のとおりです。

```
41    let filter = {sku: req.params.sku};
```

指定のエンドポイントが/beer/fooのようにコレクションに存在しないものなら、Collection.filter()は空配列を返します。/beer/のときは:skuが空文字になり、同様に[]が返ってきます。そうしたときは、明示的に「404 Not Found」を返します（46～47行目）。

```
46      if (result.length === 0)
47        return next(new errors.NotFoundError(`No '${req.params.sku}'`));
```

設定のないエンドポイントにアクセスされれば、それも 404 です。ただし、こちらの 404 は Restify が自動的に生成、返送するものです。

それ以外（たとえばデータベース上の問題など）では「500 Internal Server Error」を返します（51 ～ 53 行目）。

3.3 GET ＋クエリオプション

■ 目的

GET /beer にクエリ文字列を加えることで戻り値をフィルタリングします。フィルタには次表の 4 点を用意します。

キー	機能	例
$count	値がセットされると /beer 配下のリソース（ドキュメント）の数を返す。	?$count=true
$select	値にセットされたフィールド名のみを返す。フィールド名を複数セットするときはカンマ区切りのリストにする。	?$select=name,price
$orderBy	値に指定されたフィールド名をもとにドキュメントをソートする。ソート方向は順方向のみ。	?$orderBy=name
$top	値に指定された数値だけ上からドキュメントを返す。	?$top=3

$count に指定する値はなんでもかまいません。?$count=nonnon でも ?$count=nyanpass でも $count の機能が発動します。ただし、?$count や ?$count= のように値がないと、$count がまったく指定されないのと同じになります。$count は他のオプションとは併用できません。$top で取得するドキュメント数に上限を設けても、無関係に全数を返します。

他の 3 点は組み合わせて使うことができます。組み合わせは、URL のクエリ文字列の作法にしたがってアンパサント & で連結します。たとえば ?$select=name&$top=2 です。

$select にはドキュメントに存在するフィールド名のみを指定します。SQL の SELECT name, price From table; と同じ機能です。存在しないフィールド名が指定されると挙動が不安定になります。クエリ文字列でのフィールドの指定順序に意味はありません。つまり、?$select=name,price と ?$select=price,name は同じ結果を出力します。

$orderBy は存在しないフィールドだと無視してソートしません。$orderBy が指定されないときの順序は不定です。MongoDBはドキュメントの順序付けはしていないからです。

`$top`に0を指定するとすべてのドキュメントが返されます。また、実在するドキュメントの数以上の値を指定しても、全ドキュメントと同じ扱いになります。

`$top`と`$orderBy`を組み合わせたときは、先に`$top`で個数制限されてから、`$orderBy`でソートされます。

以上で説明したクエリパラメータの挙動は、これらの機能を実装しているMongoDBドライバのメソッドの設計に基づくものです。コード上はとくに凝ったことなどせず、指定されたパラメータ値をそのままメソッドに投入しています。

クエリ文字列で使われる`$`や`&`の記号は、Unixではシェルの特殊記号です。`curl`で実行するときは、エスケープするかURL全体を単一引用符`'`でくくるなりの対処が必要です。

OData

本節のクエリパラメータは、OData（Open Data Protocol）のクエリオプションを参考にしています。

ODataは、RESTサービスを設計する上で標準的に用いられている規約です。開発を始めたのはMicrosoft社ですが、現在ではISO/IEC 20802という国際標準になっています。本書では、本節と3.5節で表面上は参考にしているものの、完全に準拠しているわけではありません。ODataは「プロトコル」と銘打ってはいますが、クライアントとサーバの間で合意がとれていれば柔軟に対応することを妨げるものはないので、一部借用な実装はしばしば見かけます。

ODataの仕様は次のホームサイトから取得できます。

```
https://www.odata.org/
```

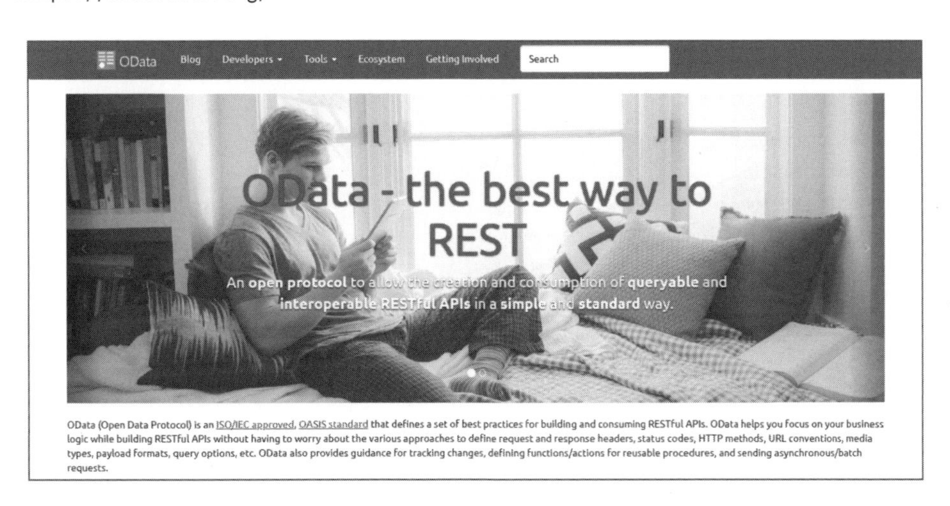

仕様は膨大です。クエリオプションについてだけ知りたければ、次の「Basic Tutorial」ページの「Querying Data」が便利です。

https://www.odata.org/getting-started/basic-tutorial

■ コード

/beer 配下の全ドキュメント（オブジェクト）に対してクエリでフィルタリングのできる REST サーバを次に示します。

リスト 3.2 ● mongo-query.js

```
1 const restify = require('restify');
2 const errors = require('restify-errors');
3 const mongo = require('mongodb');
4
5
6 let server = restify.createServer();
7 server.use(restify.plugins.queryParser());
8 server.get('/beer', respond);
9
10
11 let url = process.argv[2];
12 let client = new mongo.MongoClient(url);
13 client.connect()
14 .then(function() {
15   console.log('Connected to Mongo');
16   server.listen(8080);
17 });
18
19
20 process.on('SIGINT', function() {
21   client.close()
22   .then(function() {
23     console.log('Diconnected from MongoDB');
24     process.exit(0);
25   });
26 });
27
28
29 async function action(count, select, orderBy, top) {
30   let collection = await client.db('drink').collection('beer');
31   if (count) {
```

```
32      let result = await collection.countDocuments({});
33      return {count: result};
34    }
35    else {
36      select['_id'] = 0;
37      let cursor = collection.find()
38        .limit(top)
39        .sort(orderBy)
40        .project(select)
41      let result = await cursor.toArray();
42      return result;
43    }
44  }
45
46
47  function respond(req, res, next) {
48    let count = Boolean(req.query.$count == 'false' ? false : req.query.$count);
49    let select = req.query.$select ? req.query.$select.split(',')
50      .reduce((arr, elem) => ({...arr, [elem]:1}), {}) : {};
51    let orderBy = req.query.$orderBy ? {[req.query.$orderBy]: 1} : {};
52    let top = Number(req.query.$top) || 0;
53
54    console.log('Count',count, 'Select',select, 'OrderBy',orderBy, 'Top',top);
55
56    action(count, select, orderBy, top)
57    .then(function(result) {
58      res.send(result);
59      return next();
60    })
61    .catch(function(err) {
62      return next(new errors.InternalServerError(err.toString()));
63    });
64  }
```

26行目までは前節のものとほとんど変わりません。違いは、クエリ文字列を分解してもらうために7行目でqueryParserプラグインを導入しているところと（1.4節）、8行目のエンドポイントがルートパラメータなしの/beerのみになっているところです。

■ 実行例

ターゲットであるdrink.beerコレクション（30行目）には、3.1節で示した4つのドキュメントが収容されているとします。

まずは $count を試します。$ がシェルによって展開されないようにするため、URL 全体を単一引用符 ' でくくっています。

```
$ curl 'localhost:8080/beer?$count=true'
{
  "count": 4
}
```

サーバ側では、受信したクエリ文字列の分解結果をコンソールに示します（54 行目）。

```
Count true Select {} OrderBy {} Top 0
```

$count が true で、その他はデフォルトです。フィールド名を受け付ける $select と $orderBy のデフォルトが空オブジェクトですが、これはそれぞれの機能を担当する MongoDB メソッドがオブジェクトを引数に取るからです。$top のメソッドは数値を受け付けるので、0（個数制限なし）です。クエリオプションとそのメソッドについては、あとでそれぞれ説明します。

$select を試します。name と price フィールドだけを表示します。フィールドの指定順序が price,name であっても結果は同じです。

```
$ curl 'localhost:8080/beer?$select=name,price'
[
  {
    "name": "Steinlager Tokyo Dry",
    "price": 25.99
  },
  {
    "name": "Heineken",
    "price": 22.89
  },
  {
    "name": "Speight's Gold Medal Ale",
    "price": 20.99
  },
  {
    "name": "Stoke Indian Pale Ale",
    "price": 25.99
  }
]
```

サーバ側の出力は次のとおりです。$selectには、出力するフィールドをキーに、その値を1にしたオブジェクトが示されます。

```
Count false Select { name: 1, price: 1 } OrderBy {} Top 0
```

$selectと$orderByを組み合わせて試します。ソート順はpriceとします。ただ、その値は（あえて）$selectでは選択しません。

```
$ curl 'localhost:8080/beer?$select=type,name&$orderBy=price'
[
  {
    "name": "Speight's Gold Medal Ale",
    "type": "ale"
  },
  {
    "name": "Heineken",
    "type": "lager"
  },
  {
    "name": "Steinlager Tokyo Dry",
    "type": "lager"
  },
  {
    "name": "Stoke Indian Pale Ale",
    "type": "ale"
  }
]
```

price値は表示されていませんが、ソート順は安い順です（前の結果を目視でソートして確認してください）。処理順序ではソートが先だからです。

このときのサーバ出力は次のとおりです。先の実行例と同じように、$orderByのオブジェクトはソート対象のフィールドをキーに、その値を1にしたものです。

```
Count false Select { type: 1, name: 1 } OrderBy { price: 1 } Top 0
```

最後に、$topと$orderByの組み合わせを確認します。ソート順をprice、個数制限を2とするので、安いものから順に2種類です。

```
$ curl 'localhost:8080/beer?$top=2&$orderBy=price'
[
  {
    "sku": "BA001",
    "name": "Speight's Gold Medal Ale",
    "price": 20.99,
    "container": "bottle",
    "type": "ale"
  },
  {
    "sku": "BL002",
    "name": "Heineken",
    "price": 22.89,
    "container": "can",
    "type": "lager"
  }
]
```

サーバ出力は次のとおりです。

```
Count false Select {} OrderBy { price: 1 } Top 2
```

■ ドキュメントの個数（$count）

最初に、他のクエリから独立した $count を説明します。個数カウントを担当するこのパラメータの値は真偽値とします（48 行目）。true ならカウント操作を行い、false ならその他のパラメータの処理をします（31 ～ 34 行目）。

```
30    let collection = await client.db('drink').collection('beer');
31    if (count) {
32      let result = await collection.countDocuments({});
33      return {count: result};
34    }

48    let count = Boolean(req.query.$count == 'false' ? false : req.query.$count);
```

1.4 節で説明したように、queryParser プラグインがセットされると、クエリ文字列は分解され、req.query にオブジェクトの形で収容されます。

ここでは、その値をBoolean()で処理しています（48行目）。つまり、URLに$count=xxxがあれば、xxxがどんな値でもtrueとなります。38行目が3項演算子を使っているのは、Boolean('false')がtrueを返さないようにしているからです。$count=falseで個数カウントモードになるのは、Boolean()的には合っていますが、ミスリーディングだからです。

$countが指定されていない、$countだけがあるが=以下がない、あるいは$count=のように値が未指定のときはfalseになります（「falsy」というやつです）。

コレクションへのアクセスは前節と同じです（30行目）。

ここで用いているのはCollection.countDocuments()というドキュメント数をカウントするメソッドです（32行目）。SELECT COUNT(*) FROM collection;に相当します。戻り値は、成功時に数値を引き渡すPromiseです（なのでawaitが加わっている）。

類似のメソッドにcount()がありますが、この機能は新しいバージョンでは非推奨化されています。

クライアントへのレスポンスにはJSONが期待されているので、{count: N}のようにオブジェクトを形成します（33行目）。

■ FindCursorメソッドによるフィルタリング

$count以外は、通常のドキュメント取得とそのフィルタリング操作です。なので、最初に実行するのはCollection.find()です。このメソッドはFindCursorオブジェクトを返します。そして、カーソルにはフィルタリングのメソッドを繋げることができます（38～40行目）。

```
35  else {
36    select['_id'] = 0;
37    let cursor = collection.find()
38      .limit(top)
39      .sort(orderBy)
40      .project(select)
41    let result = await cursor.toArray();
42    return result;
43  }
```

ここで用いているlimit()、sort()、project()はいずれもFindCursorオブジェクトを返すので、このようにメソッドチェーンができます。

最終的に得られた結果（40行目のあとのFindCursor）はtoArray()メソッドで配列に変換します（41行目）。toArray()は引数を取りません。戻り値は配列を返すPromiseです。

FindCursorのインスタンスメソッドの代表的なものを、ここで利用するものも含めて次の表に示します。

メソッド	戻り値	機能
count()	Promise	ドキュメントの数を返す。非推奨化されたので、Collection.countDocuments()が推奨される。
hasNext()	Promise	カーソルに次のドキュメントがあればtrueを返す。
limit()	FindCursor	ドキュメントの個数を制限する。
next()	Promise	次のカーソルに移動してドキュメントを取得する。
project()	FindCursor	指定のフィールドのみを返す。
skip()	FindCursor	指定のオフセット値までカーソルを移動する。
sort()	FindCursor	指定のキー（フィールド）でソートする。

■ 個数制限（limit）

カーソルが返すドキュメントの最大個数を設定するのがFindCursor.limit()メソッドです（38行目）。引数には整数値を指定します。値が0のときは無制限です（limitが指定されていないときと同じ挙動）。?$top=の値はNumber()で数値に変換します（52行目）。変換できなければNaN（非数）なので、そのときは0を指定します。

```
52    let top = Number(req.query.$top) || 0;
```

■ ソート（sort）

カーソルから取得するドキュメントの順序を変更するのがFindCursor.sort()メソッドです（39行目）。

第1引数にはソート対象のフィールドをキーで、ソート方向を値で記述したオブジェクトで指定します。ソート方向は順方向が1、逆順が-1です。つまり、{name: 1}のように指定します。ここでは、$orderBy=xxxxクエリパラメータの値をそのままキーとし、ソート方向は決め打ちで順方向としています（51行目）。

```
51    let orderBy = req.query.$orderBy ? {[req.query.$orderBy]: 1} : {};
```

$orderByの値を単純にオブジェクトに挿入しているだけです。指定のキーがコレクションのフィールドに存在しないときは（たとえば{foo: 1}）、ソートされません。FindCursor.sort()は{name: 1, price: -1}のように複数のキーを受け付けますが、51行目はそれには対応していません。キーは最大32個まで指定できます。

値に重複のあるフィールドをキーにしたときのソート順序は不定です。確実に、常に同じ順序でソートさせたいのなら、重複のないフィールドを併記します。たとえば{_id: 1}です。

データ型の異なるもの同士をソートする（比較する）ときには、データ型（BSONというバイナリ型のJSON）の順序が比較に用いられます。たとえば、nullのほうがnumberよりも小さい、などです。データ型の順序を次に示します。

1. MinKey (internal type)
2. Null
3. Number (int、long、double、decimal)
4. Symbol、String
5. Object
6. Array
7. BinData
8. ObjectId
9. Boolean
10. Date
11. Timestamp
12. Regular Expression
13. MaxKey (internal type)

MongoDBの値の比較（ソート順序）については、「MongoDB Manual > Introduction > BSON Types > Comparison/Sort Order」を参照してください。

https://www.mongodb.com/docs/manual/reference/bson-type-comparison-order/

■ フィールドの選択（project）

Colelction.find() は、ドキュメントのすべてのフィールドを取得します。一部のフィールドだけに制限するには、FindCursor.project() メソッドを使います（40 行目）。SQL の SELECT name, prince FROM collection; と等価です。メソッド名が project なのは、この SQL の操作を「射影」（projection）と呼ぶからです。

引数には選択したいフィールドをキーに、その値を 1 としたオブジェクトを指定します。たとえば、{name: 1} です。複数あれば、{name: 1, price 1} のように記述します。

クエリ文字列では ?$select=name,price のように記述するので、値 req.query.$select をカンマ , で分解し（49 行目）、すべての要素をキーに、値を 1 にしたオブジェクトに変換します。ループで書いてもよいですが、Array.reduce() を使うと 1 行で書けます（50 行目）。

```
49   let select = req.query.$select ? req.query.$select.split(',')
50     .reduce((arr, elem) => ({...arr, [elem]:1}), {}) : {};
```

引数が空オブジェクト {} のときはすべてのフィールドが選択されます。

36 行目では、この選択オブジェクトに必ず {_id: 0} を加えています。

```
36     select['_id'] = 0;
```

_id はとくに指定がなくても、必ず含まれます。これを含まないよう指示するには、選択オブジェクトの値に明示的に 0 をセットします。

Collection.project() は FindCursor のメソッドチェーンの最後で使います。

3.4 POST

■ 目的

エンドポイント /beer に POST でドキュメントを追加します。

アップロードするドキュメントが複数（2 個以上）のときは、次のようにオブジェクトの配列として記述します。このデータは出版社ダウンロードサービスのパッケージに data/beer-plus.json で同梱してあります。

```
[
  {
    "sku": "BS001",
    "name": "Guinness Draught",
    "price": 28.99,
    "container": "can",
    "type": "stout"
  },
  {
    "sku": "BA003",
    "name": "Kikenny Irish Red Ale",
    "price": 24.99,
    "container": "can",
    "type": "ale"
  }
]
```

■ コード

MongoDBをバックエンドデータベースにしたPOST対応RESTサーバのコードを次に示します。

リスト3.3 ● mongo-post.js

```
1  const restify = require('restify');
2  const errors = require('restify-errors');
3  const mongo = require('mongodb');
4
5
6  let server = restify.createServer();
7  server.use(restify.plugins.acceptParser(['application/json']));
8  server.use(restify.plugins.bodyParser());
9  server.post('/beer/', respond);
10
11
12 const url = process.argv[2];
13 let client = new mongo.MongoClient(url);
14 client.connect()
15 .then(function() {
16   console.log('Connected to Mongo');
17   server.listen(8080);
18 });
```

```
19
20
21 process.on('SIGINT', function() {
22   client.close()
23   .then(function() {
24     console.log('Diconnected from MongoDB');
25     process.exit(0);
26   });
27 });
28
29
30 async function action(additions) {
31   let collection = await client.db().collection('beer');
32   let result = await collection.insertMany(additions);
33   return result.insertedIds;
34 }
35
36 function respond(req, res, next) {
37   if (Array.isArray(req.body) === false)
38     req.body = [req.body];
39   console.log(req.body);
40   action(req.body)
41   .then(function(result) {
42     res.send(result);
43     return next();
44   })
45   .catch(function(err) {
46     return next(new errors.InternalServerError(err.toString()));
47   });
48 }
```

基本構造は 1.5 節と変わりません。リクエストボディの JSON テキストを JavaScript オブジェクトに変換する bodyParser プラグイン（8 行目）が加わっているところも同じです。リクエストが Accept: application/json を懇請していることをアクセス条件とする acceptParser プラグイン（7 行目）は、2.4 節で説明しました。

エンドポイントは /beer/ です。POST 用のパスは、リソース名を入れるパターン（/beer/BL003）とないパターンが見かけられますが、ここではなしで / で終端するスタイルを採用しています（9 行目）。

データベースアクセス部分もほとんど前節までの使いまわしです。異なるのは、コマンドライン引数から指定する URL にデータベース名までを入れることが求められるところです。その代わり、31行目のコレクション取得ではdb()メソッドの引数が未指定にすることで、接続時のデフォルトを使用します。

ここ

```
31    let beer = await client.db().collection('beer');
```


■ 実行例

引数に接続文字列（URL）を指定して実行します。末尾にデータベース名（drink）が入っているところがポイントです。

```
$ node mongo-get.js \
    mongodb+srv://<username>:<password>@<cluster>.<subdomain>.mongodb.net/drink
```

クライアントから上述の2つのドキュメント（オブジェクトの配列）をPOSTします。

```
$ curl -i localhost:8080/beer/ -X POST -H 'Content-Type: application/json' \
  -d @beer-plus.json
HTTP/1.1 200 OK
Server: restify
Content-Type: application/json
Content-Length: 63
Date: Thu, 25 Jan 2024 04:23:31 GMT
Connection: keep-alive
Keep-Alive: timeout=5

{
  "0": "65b1e24293cf9fcab39ac783",
  "1": "65b1e24293cf9fcab39ac784"
}
```

リクエストボディに送信するデータをファイルから指定するときは、-d（--data）に@を前付けしたファイル名を指定します。

戻り値は新たに加えられたドキュメントの_idフィールド値を収容したオブジェクトです。

データベースに正しく挿入されれば、サーバのコンソールにドキュメントが表示されます。

```
[
  {
    sku: 'BS001',
    name: 'Guinness Draught',
    price: 28.99,
    container: 'can',
    type: 'stout'
  },
  {
    sku: 'BA003',
    name: 'Kikenny Irish Red Ale',
    price: 24.99,
    container: 'can',
    type: 'ale'
  }
]
```

ユーザ側では、Atlasの画面から確認できます。新規情報を反映するには画面を更新（リフレッシュ）します。

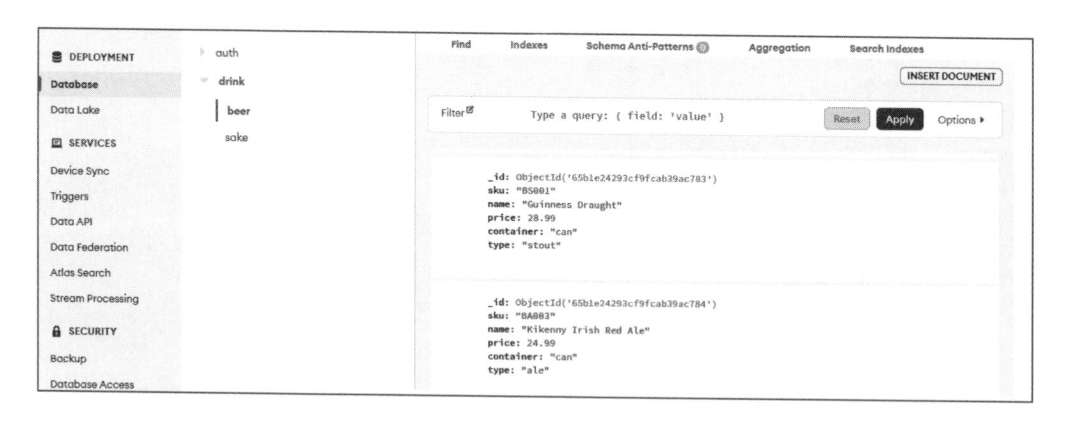

1つだけ追加するなら配列[]でくくらなくてもかまいません。

```
$ curl localhost:8080/beer/ -X POST -H 'Content-Type: application/json' \
  -d '{"sku": "BL003", "name": "Montheith'\''s New Zealand Classics Summer Ale", \
    "price": 20.99, "container": "bottle", "type": "ale"}'
{
  "0": "65b1e61193cf9fcab39ac785"
}
```

JSONには二重引用符がつきものなので、-dで直値を指定するときは単一引用符（U+0027）でくくります。しかし、「Montheith's」を無警戒に書くと、アポストロフィが閉じ引用符扱いされておかしなことになります。そこで、その段階で引用をいったん閉じ（最初の'）、\'でエスケープした文字を使い、再度引用を開始する（3つ目の'）ように書きます。並べると'\''です。こんな上級魔法の詠唱は危険だと思うのなら、'（U+2019 RIGHT SINGLE QUOTATION MARK）を使います（U+02BC MODIFIER LETTER APOSTROPHEよりこちらが推奨される）。英語圏では、昨今これが一般的です。URLなので、%27という中級魔法を使う手もあります。

同じデータを挿入してもエラーにはなりません。コレクションはオブジェクトの配列のようなもので、重複が許容されているからです（ただし、一意なインデックスが設定されているときは例外が上がります。ここでは設定していません）。しかし、自動付与される_idの値は変わります。上記をもう1度実行します。

```
$ curl localhost:8080/beer/ -X POST -H 'Content-Type: application/json' \
  -d '{"sku": "BL003", "name": "Montheith'\''s New Zealand Classics Summer Ale",  \
    "price": 20.99, "container": "bottle", "type": "ale"}'
{
  "0": "65b1e6b593cf9fcab39ac786"
}
```

_id値が変化していることがわかります。

■ ドキュメントの挿入

複数のドキュメントの挿入には、Collection.insertMany()を使います（32行目）。

```
30 async function action(additions) {
31   let collection = await client.db().collection('beer');
32   let result = await collection.insertMany(additions);
33   return result.insertedIds;
34 }
35
36 function respond(req, res, next) {
37   if (Array.isArray(req.body) === false)
38     req.body = [req.body];
39   console.log(req.body);
40   action(req.body)
```

第1引数にはドキュメントの配列を指定します。_id フィールドは MongoDB が自動的に割り振るので、ドキュメント自体には _id フィールドは加えられません。常に配列が求められるので、ドキュメント1つのときは 37 ～ 38 行目のように配列化します（値を [] でくくる）。

第2引数にはオプションを指定します。複数のデータを一気に挿入する（あるいは変更する）ときの細かい設定（Bulk Write Options）なので、あまり気にする必要はありません。ここでも未指定です。

メソッドは InsertManyResult というオブジェクトを上げる Promise を返します。このオブジェクトには操作が成功裏に終わったかどうかを真偽値で示す acknowledged、挿入されたドキュメントの数を示す insertedCount、生成された一意な _id（を含んだオブジェクト）の配列を収容した insertedIds の3つのプロパティが収容されています。ここではそのうち insertedIds だけを利用しています（33 行目）。

挿入するドキュメントが1つだけなら Collection.insertOne() も使えます。

PUT も同様に実装できます。ドキュメントを新規のものと交換する Collection のメソッドは replaceOne() です。ドキュメント操作関数は1つだけの One()、複数の Many() がたいていは対になっていますが、replace には Many() がありません。

3.5 DELETE + クエリオプション

目的

DELETE /beer?$filter= ... で、クエリに一致するドキュメントを beer コレクションから1つだけ削除します。$filter= の右辺には条件式を指定します。

条件式はフィールド名、比較演算子、比較対象の値をスペースで区切って指定します。たとえば、name フィールドの値が文字列「Steinlager」と等しいかを評価する条件式は次のように書きます。

```
?$filter=name $eq "Steinlager"
```

比較演算子には、MongoDB の $eq（等しい）、$gt（より大きい）、$gte（以上）、$lt（未満）、$lte（以下）、$ne（等しくない）が利用できます（8.4 節参照）。MongoDB には他にも $in（Array.includes() と等価）とその否定の $nin がありますが、本節のコードはこれらをサポートしていません。

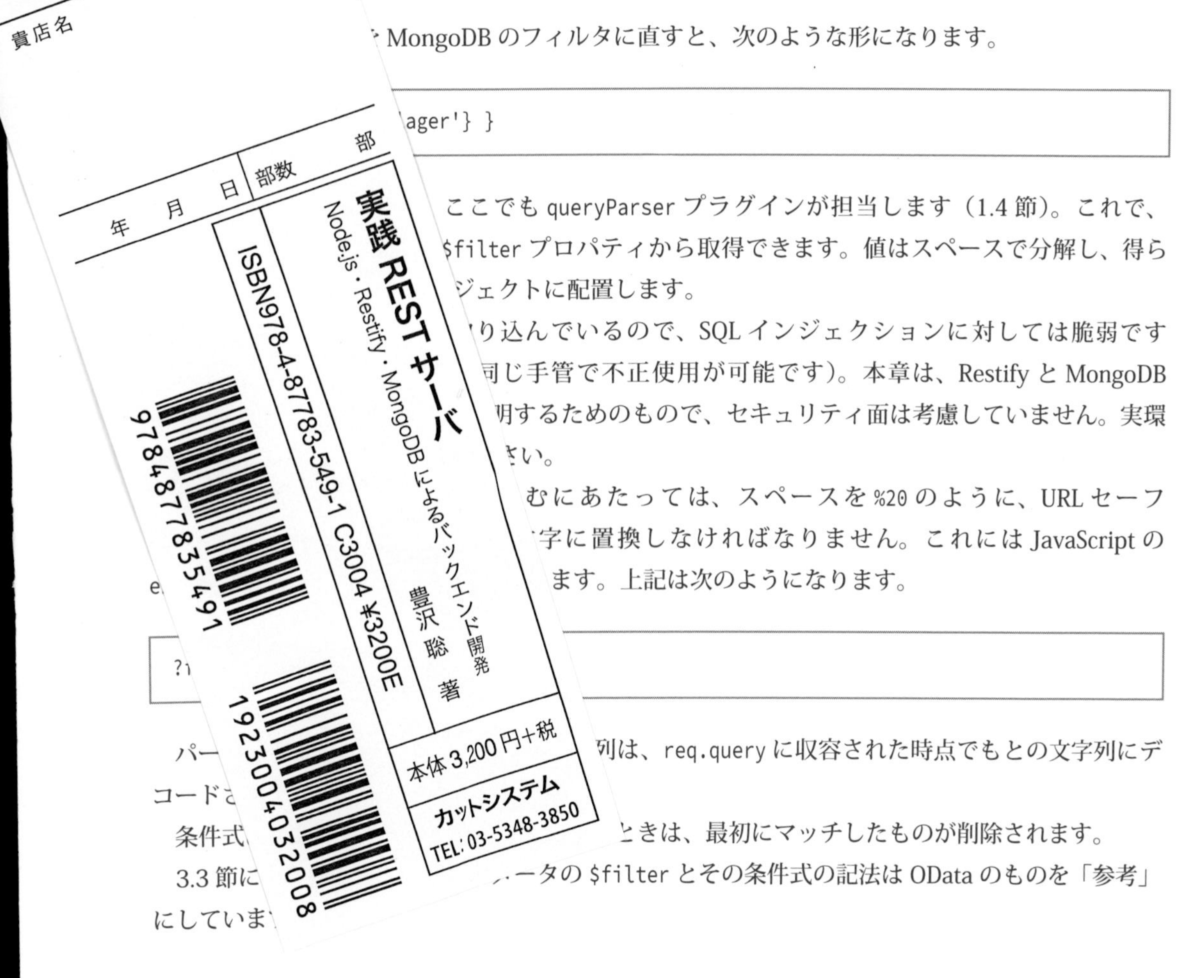

を MongoDB のフィルタに直すと、次のような形になります。

```
ager'} }
```

ここでも queryParser プラグインが担当します（1.4 節）。これで、
$filter プロパティから取得できます。値はスペースで分解し、得ら
ジェクトに配置します。
り込んでいるので、SQL インジェクションに対しては脆弱です
同じ手管で不正使用が可能です）。本章は、Restify と MongoDB
明するためのもので、セキュリティ面は考慮していません。実環
さい。
むにあたっては、スペースを %20 のように、URL セーフ
字に置換しなければなりません。これには JavaScript の
e ます。上記は次のようになります。

```
?i
```

パー 列は、req.query に収容された時点でもとの文字列にデ
コードさ

条件式 ときは、最初にマッチしたものが削除されます。

3.3 節に ータの $filter とその条件式の記法は OData のものを「参考」
にしていま

■ コード

クエリオプションで指定した条件式にマッチするドキュメントを 1 つ削除する REST サーバを次に示します。

リスト 3.4 ● mongo-delete.js

```
1 const restify = require('restify');
2 const errors = require('restify-errors');
3 const mongo = require('mongodb');
4
5 const OPERATORS = 'eq,ne,gt,lt,gte,lte'.split(',').map(op => '$' + op);
6 console.log(OPERATORS);
7
```

```
8  let server = restify.createServer();
9  server.use(restify.plugins.queryParser());
10 server.del('/beer', respond);
11
12
13 let url = process.argv[2];
14 let client = new mongo.MongoClient(url);
15 client.connect()
16 .then(function() {
17   console.log('Connected to Mongo');
18   server.listen(8080);
19 });
20
21
22 process.on('SIGINT', function() {
23   client.close()
24   .then(function() {
25     console.log('Diconnected from MongoDB');
26     process.exit(0);
27   });
28 });
29
30
31 async function action(filter) {
32   let collection = await client.db('drink').collection('beer');
33   let result = await collection.deleteOne(filter);
34   return result;
35 }
36
37 function respond(req, res, next) {
38   let filter;
39   try {
40     let [field, op, ...value] = elements = req.query.$filter.split(/\s+/);
41     if (! OPERATORS.includes(op))
42       throw new Error('Invalid operator');
43     value = value.join(' ').replace(/['"]/g, '');
44     value = isNaN(value) ? value : Number(value);
45     filter = {[field]: {[op]:  value}};
46     console.log(req.query.$filter, '->', filter);
47   }
48   catch(err) {
49     return next(new errors.BadRequestError(err.toString()));
50   }
```

```
51    action(filter)
52    .then(function(result) {
53      res.send(result);
54      return next();
55    })
56    .catch(function(err) {
57      return next(new errors.InternalServerError(err.toString()));
58    });
59  }
```

Collection に対するメソッドがドキュメント 1 個削除の deleteOne() であること（33 行目）、クエリの条件式の req.query.$filter を MongoDB フィルタに置換する操作（40 〜 47 行目）が加わったことを除けば、ここまでの節と構造は変わりません。

■ 実行例

beer コレクションには、3.1 節で準備した 4 つのドキュメントが収容されているとします。まずは、sku フィールド値が BL002 であるドキュメント（Heineken）を削除します。パーセントエンコーディングなしだと sku $eq "BL002" です。

```
$ curl -i -X DELETE 'localhost:8080/beer?$filter=sku%20$eq%20%22BL002%22'
HTTP/1.1 200 OK
Server: restify
Content-Type: application/json
Content-Length: 38
Date: Thu, 25 Jan 2024 06:38:15 GMT
Connection: keep-alive
Keep-Alive: timeout=5

{
  "acknowledged": true,
  "deletedCount": 1
}
```

レスポンスボディには、削除メソッドの Collection.deleteOne() が返す DeleteResults がそのまま示されます。このオブジェクトには acknowledged と deletedCount プロパティが収容されています。前者は削除が成功したときは true を、失敗したときは false を示します。後者は削除したドキュメントの数を示します。

サーバのコンソールにはクエリの ?$filter= の値と、それを MongoDB のフィルタに置換したときのオブジェクトが表示されます（46 行目）。デバッグ用です。

```
sku $eq "BL002" -> { sku: { '$eq': 'BL002' } }
```

続いて、削除後に、同じドキュメントの削除を試みます。

```
$ curl -i -X DELETE 'localhost:8080/beer?$filter=sku%20$eq%20%22BL002%22'
HTTP/1.1 200 OK
Server: restify
Content-Type: application/json
Content-Length: 38
Date: Sat, 27 Jan 2024 01:18:40 GMT
Connection: keep-alive
Keep-Alive: timeout=5

{
  "acknowledged": true,
  "deletedCount": 0
}
```

ターゲットのドキュメントは既に存在しないので、削除はできなかったはずです。しかし、返ってくるのは「200 OK」です。MongoDB は存在しないドキュメントの削除命令を受けてもそれをエラーとはしないので、ここでもエラーとして扱っていないからです。その代わり、戻り値の deleteCount が 0 です。命令は正しく受け付けられましたが（acknowledged が true）、結果として削除したのは 0 個という意味です。

削除されたなかったときに「400 Bad Request」を返すのなら、res.send(result)（53 行目）の前に、result.deletedCount が 0 なら restify-errors.BadRequestError() を応答するようにコードを書き換えます。

1 つ削除されたので、残りは 3 ドキュメントです。

今度は、price フィールド値が 25 以上のドキュメントを削除します。price $gte 25 です

```
$ curl -X DELETE 'localhost:8080/beer?$filter=price%20$gte%2025'
{
  "acknowledged": true,
  "deletedCount": 1
}
```

価格が $25 以上（$25.99）のドキュメントは 2 つありましたが（BL001 と BA002）、消されたのは一方だけです。Atlas の画面から確認します（画面更新を忘れずに）。

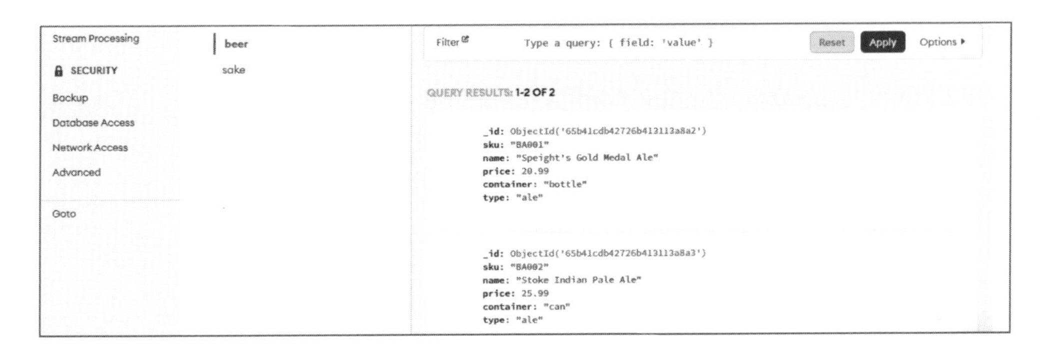

フィルタに一致するドキュメントが複数あるときに、目的のものだけを削除したいというのなら、一意であることが保証された _id フィールドを条件式に用います。

MongoDB にない演算子が指定される（5、41 ～ 42 行目）、あるいはクエリ文字列が適切に置換できないと（40 ～ 45 行目）「400 Bad Request」が戻ります。price le 21（$lte の間違い）が指定されたときの結果を示します。

```
$ curl -i -X DELETE 'localhost:8080/beer?filter=price%20le%2021'
HTTP/1.1 400 Bad Request
Server: restify
Content-Type: application/json
Content-Length: 98
Date: Sat, 27 Jan 2024 02:42:39 GMT
Connection: keep-alive
Keep-Alive: timeout=5

{
  "code": "BadRequest",
  "message":"Error: Invalid operator"
}
```

利用可能な演算子は 5 行目で定義しています。

■ ドキュメントの削除

コレクションから、指定の条件にマッチするドキュメントを 1 つだけ削除するには Collection.deleteOne() メソッドを使います（33 行目）。実行例のところで述べたように、戻り値は

acknowledged と deletedCount プロパティを収容した DeleteResults を返す Promise です。

```
33    let result = await collection.deleteOne(filter);
```

第1引数には MongoDB のフィルタオブジェクトを指定します。第2引数にはオプションを指定できますが、ここでは指定していません。

フィルタにマッチするドキュメントをすべて削除するなら、Collection.deleteMany() メソッドを使います。引数も戻り値も deleteOne() と同じです。

3.6 データベース管理

■ 目的

データベース管理用のエンドポイント /admin を用意し、そこから次の操作ができる REST サーバを作成します。

- すべてのデータベースの名称を取得。ルーティングは GET /admin/databases。
- 指定のデータベースのすべてのコレクションの名称を取得。データベース名はエンドポイントの間から指定します。GET /admin/:name/collections。
- 指定のデータベースのコレクションの名称を変更。PATCH /admin/collection-rename。

コレクションの名称変更では、クライアントは変更データを次のフォーマットの JSON テキストでサーバに送ります。

```
{
  "dbname": "データベース名",
  "from": "変更前のコレクション名",
  "to": "変更後のコレクション名"
}
```

リクエストボディの JSON テキストを分解するのには、1.5 節の bodyParser プラグインを用います。

管理者向け機能ですが、シンプルにするために認証機能は省いています。認証方法については、

Authorization: Basic なら 2.1 節を、Authorization: Bearer と JSON Web Token なら 2.5 節をそれぞれ参照してください。

■ コード

コレクションおよびデータベースの名称の取得と変更をする REST サーバのコードを次に示します。

リスト 3.5 ● mongo-admin.js

```
const restify = require('restify');
const errors = require('restify-errors');
const mongo = require('mongodb');


let server = restify.createServer();
server.use(restify.plugins.bodyParser());
server.get('/admin/databases', databases);
server.get('/admin/:name/collections', collections);
server.patch('/admin/rename', rename);


let url = process.argv[2];
let client = new mongo.MongoClient(url);
client.connect()
.then(function() {
  console.log('Connected to Mongo');
  server.listen(8080);
});


process.on('SIGINT', function() {
  client.close()
  .then(function() {
    console.log('Diconnected from MongoDB');
    process.exit(0);
  });
});


async function databasesAction() {
  let admin = client.db().admin();
  let data = await admin.listDatabases();
```

```
34    return data.databases;
35  }
36
37  function databases(req, res, next) {
38    databasesAction()
39    .then(function(data) {
40      res.send(data);
41      console.log('Databases', data);
42      return next();
43    })
44    .catch(function(err) {
45      return next(new errors.InternalServerError(err.toString()));
46    });
47  }
48
49
50  async function collectionsAction(dbname) {
51    let lcc = await client.db(dbname).listCollections();
52    let arr = await lcc.toArray();
53    let names = arr.map(elem => elem.name);
54    return names;
55  }
56
57  function collections(req, res, next) {
58    collectionsAction(req.params.name)
59    .then(function(arr) {
60      res.send(arr);
61      console.log('Drink collections', arr)
62      return next();
63    })
64    .catch(function(err) {
65      return next(new errors.InternalServerError(err.toString()));
66    });
67  }
68
69
70  async function renameAction(db, oldName, newName) {
71    console.log(db, oldName, newName);
72    await client.db(db).collection(oldName).rename(newName);  // 新規コレクション名返す
73    return true;
74  }
75
76  function rename(req, res, next) {
```

```
77    renameAction(req.body.dbname, req.body.from, req.body.to)
78    .then(function(collection) {
79      res.send({message: 'Done'});
80      console.log('Renamed', req.body);
81      return next();
82    })
83    .catch(function(err) {
84      return next(new errors.InternalServerError(err.toString()));
85    });
86  }
```

■ 実行例

まずは、GET /admin/databasesからデータベースのリストを取得します。

```
$ curl localhost:8080/admin/databases
[
  {
    "name": "auth",
    "sizeOnDisk": 57344,
    "empty": false
  },
  {
    "name": "drink",
    "sizeOnDisk": 147456,
    "empty": false
  },
  {
    "name": "admin",
    "sizeOnDisk": 348160,
    "empty": false
  },
  {
    "name": "local",
    "sizeOnDisk": 22204661760,
    "empty": false
  }
]
```

authとdrinkは筆者（ユーザ）が作成したものですが、adminとlocalはMongoDBが管理用に自動的に用意したものです。どちらも普通に使用しているぶんには気にする必要のないものです。

drink データベースのコレクションのリストを取得します。データベース名はパスの真ん中に置きます。

```
$ curl localhost:8080/admin/drink/collections
[
  "sake",
  "beer"
]
```

この drink データベースの sake コレクションの名称を seishu に変更します。PATCH /admin/rename で送信する JSON データは次のとおりです。

```
{
  "dbname": "drink",
  "from": "sake",
  "to": "seishu"
}
```

実行します。レスポンスは終了した旨を示すメッセージだけです。

```
$ curl -X PATCH localhost:8080/admin/rename -H 'Content-type: application/json' \
 -d '{"dbname":"drink", "from":"sake", "to":"seishu"}'
{
  "message": "Done"
}
```

コレクション名が変わったかを REST で確認します。

```
$ curl localhost:8080/admin/drink/collections
[
  "seishu",                                    // もとはsake
  "beer"
]
```

■ データベースリストの取得

データベースのリストの取得など、管理目的の機能にアクセスするにはAdminクラスを使います。インスタンスはMongoClient.db()から得られるDbインスタンスのadmin()メソッドから生成します（32行目）。

```
14 let client = new mongo.MongoClient(url);
      ⋮
32   let admin = client.db().admin();
```

接続先のデータベースはadminですが、db()から指定する必要はありません。admin()メソッドにも引数はありません。ただAdminオブジェクトを返すだけです。非同期式ではないので、awaitする必要はありません。

Adminオブジェクトにはいろいろな管理用メソッドが用意されていますが、ここで使っているlistDatabases()はデータベースのリストを（Promise経由で）ListDatabasesResultオブジェクトとして返します（33行目）。引数にはオプションが指定できますが、とくに必要なものはありません。

```
33   let data = await admin.listDatabases();
```

ListDatabasesResultにはいろいろなプロパティがありますが、ここではdatabasesプロパティだけをクライアントに返しています（34行目）。

```
34   return data.databases;
```

このプロパティの値は配列で、個々のデータベースの情報オブジェクトが収容されています。オブジェクトは名前（name）、ディスク上のサイズ（sizeOnDisk）、空かどうかの真偽値（empty）のプロパティで構成されています。実行例の一部を次に再掲します。

```
{
  "name": "auth",                     // 名前
  "sizeOnDisk": 57344,                // ディスク上のサイズ。単位はバイト
  "empty": false                      // 空?
}
```

参考までに、Admin クラスのなかから役立ちそうなメソッドを次に示します（いずれも Promise を返す）。詳細は、「MongoDB Node Driver」ドキュメントの Admin のところを参照してください。

メソッド	機能
Admin.buildInfo()	サーバのビルド情報をオブジェクト形式で返す。
Admin.command()	MongoDB の CLI コマンドをじかに実行する。
Admin.listDatabases()	データベースのリストを得る。
Admin.ping()	データベースに ping を飛ばしてその結果を得る。
Admin.removeUser()	データベースユーザを削除する。

コレクションリストの取得

データベースのコレクションのリストを取得するには、Db.listCollections() メソッドを使います（51 行目）。

```
51    let lcc = await client.db(dbname).listCollections();
```

MongoClient.db() にはターゲットのデータベース名を指定します。ここで dbname とあるのは、エンドポイントの /admin/:name/collections の :name 部分（req.params.name）です。

ここでは listCollections() の引数になにも指定していませんが、フィルタとオプションが指定できます。フィルタは、Collection.find() で使うのと同じフィルタリングのオブジェクトです。オブジェクトの格好はあとから説明します。

listCollections() は ListCollectionsCursor オブジェクトを返します。その名が示すとおり、find() と同じようなカーソルです。カーソルから全要素を取り出して配列にするには、toArray() メソッドです（52 行目）。

```
52    let arr = await lcc.toArray();
```

ListCollectionsCursor から抽出される個々のコレクションの情報は CollectionInfo というオブジェクトに収容されています。そのプロパティは 6 つほどありますが、普通に必要とするのは name くらいでしょう。そこで、ここではそれだけを抽出した配列を返しています（53 ～ 54 行目）。

```
53    let names = arr.map(elem => elem.name);
54    return names;
```

参考までに、CollectionInfoのサンプルを次に示します。このオブジェクトをターゲットにしたフィルタが、Db.listCollections()の第1引数に指定できるフィルタです。フィルタの指定がなければ、デフォルトで{}、つまりすべてのコレクションを指します。

```
{
  name: 'seishu',
  type: 'collection',
  options: {},
  info: {
    readOnly: false,
    uuid: new UUID('73dc9a22-4ca8-4765-9b20-6a4235fcae9e')
  },
  idIndex: { v: 2, key: { _id: 1 }, name: '_id_' }
}
```

■ コレクション名の変更

コレクション名の変更では、クライアントはコレクションを収容したデータベースの名称、現在の名前、変更後の名前で構成したJSONオブジェクトを送信します。

```
{"dbname": "drink", "from": "sake", "to": "seishu"}
```

このJSONリクエストボディを分解し、req.body.keyのようにキーをプロパティ名としたオブジェクトを生成してくれるのがbodyParserプラグインです（7行目）。

```
 7 server.use(restify.plugins.bodyParser());
      ⋮
77   renameAction(req.body.dbname, req.body.from, req.body.to)
```

コレクション名を変更するのは、Collection.rename()メソッドです（72行目）。ターゲットのデータベース名はMongoClient.db()から指定します。そのデータベースの.collection()メソッドでコレクションを旧名で指定し、それに新規名を指定したrename()メソッドを作用させます。

```
70 async function renameAction(db, oldName, newName) {
71   console.log(db, oldName, newName);
72   await client.db(db).collection(oldName).rename(newName);
```

Collection.rename() は、成功時に変更後の Collection オブジェクトを引き渡す Promise を返します。いろいろなプロパティが含まれていますが、チェックしたくなるようなデータを収容しているのは、どのデータベースのどのコレクションかを示す namespace プロパティくらいでしょう。コンソールに表示をするなら、72 行目を次のように変更します。

```
72    let c = await client.db(db).collection(oldName).rename(newName);
      console.log(c.namespace);
```

3.7 パスワード変更

目的

コレクション auth.passwd に収容されているユーザ名（username）とパスワード（password）を変更する REST サーバを作成します（データは 3.1 節参照）。

変更なので、ルーティングには PATCH /admin/user/:name を用意します。ルートパラメータの :name 部分がユーザ名です。リクエストボディに載せる更新情報は、次の格好の JSON オブジェクトとします。考え方は前節と同じです。

```
{
  "username": "ユーザ名",
  "oldPassword": "旧パスワード",
  "newPassword": "新パスワード"
}
```

ユーザ認証は、このリクエストのユーザ名と旧パスワードをデータベースに参照することで行います。十分な情報がボディに示されているので、Authorization ヘッダは不要です。ユーザが認証されたら、ドキュメントの password フィールドを更新します。

コード

データベース上のパスワードを変更するRESTサーバのスクリプトを次に示します。

リスト 3.6 ● mongo-auth.js

```
const restify = require('restify');
const errors = require('restify-errors');
const mongo = require('mongodb');


let server = restify.createServer();
server.use(restify.plugins.acceptParser(['application/json']));
server.use(restify.plugins.bodyParser());
server.patch('/admin/user/:name', respond);


let url = process.argv[2];
let client = new mongo.MongoClient(url);
client.connect()
.then(function() {
  console.log('Connected to Mongo');
  server.listen(8080);
});


process.on('SIGINT', function() {
  client.close()
  .then(function() {
    console.log('Diconnected from MongoDB');
    process.exit(0);
  });
});


async function updateAction(name, body) {
  console.log('Received:', name, body);
  if ((body.username && body.oldPassword && body.newPassword) == undefined)
    throw new Error('Body does not contain enough information');

  if (name != body.username)
    throw new Error('Reource name does not match with the posted data');

  let filter = {username: body.username, password: body.oldPassword};
```

```
39    let update = {$set: {password: body.newPassword}};
40
41    let collection = await client.db('auth').collection('passwd');
42    let doc = await collection.findOneAndUpdate(filter, update);
43    console.log('Found', doc);
44    if (doc === null)
45      throw new Error('User not registered or password incorrect');
46
47    return doc
48  }
49
50  function respond(req, res, next) {
51    updateAction(req.params.name, req.body)
52    .then(function(doc) {
53      res.send({message: 'Password is successfully changed'});
54      return next();
55    })
56    .catch(function(err) {
57      return next(new errors.UnauthorizedError(err.toString()));
58    })
59  }
```

受け付けるメディア種別をapplication/jsonに限定するにはacceptParserプラグインを（7行目)、リクエストボディのJSONテキストを分解するにはbodyParserプラグインを（8行目）それぞれ使うのは、いつもと同じコーディングパターンです。

実行例

実行に先立ち、ターゲットのユーザw.rockbellの現在の状態をAtlasから確認します。

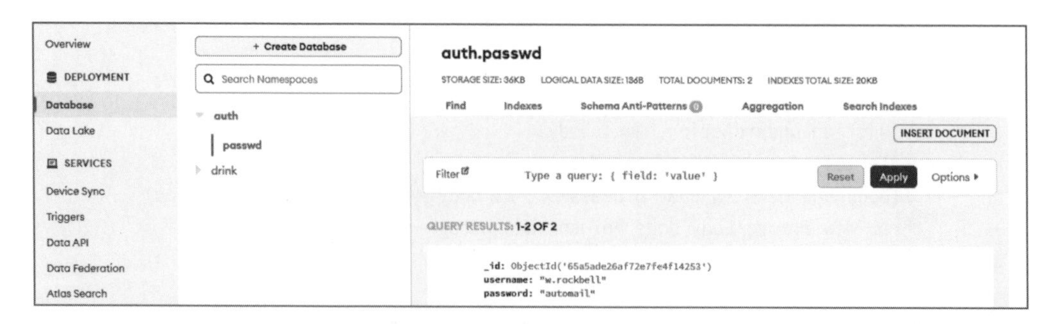

ユーザw.rockbellのパスワードをautomailからedwardに変更します。

```
$ curl localhost:8080/admin/user/w.rockbell -X PATCH \
  -H "Content-Type: application/json" -H "Accept: application/json" \
  -d '{"username":"w.rockbell", "oldPassword":"automail", "newPassword":"edward"}'
{
  "message": "Password is successfully changed"
}
```

変更されたかをAtlasから確認します。

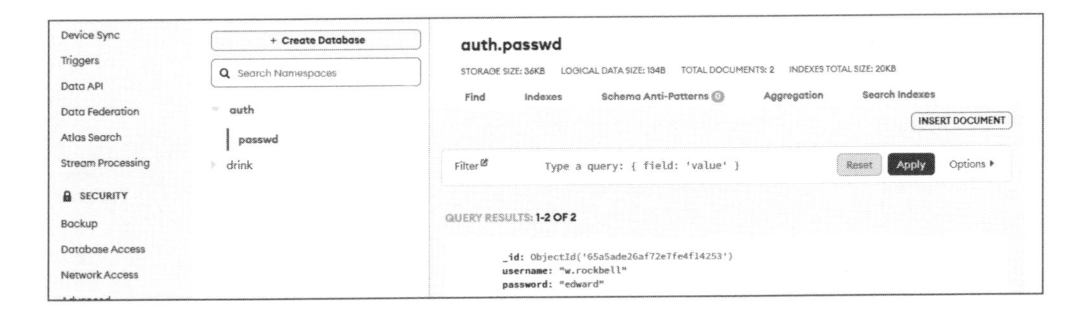

パスワード更新に失敗すると、次のようなレスポンスが得られます。

```
$ curl -i localhost:8080/admin/user/w.rockbell -X PATCH \
  -H "Content-Type: application/json" -H "Accept: application/json" \
  -d '{"username":"w.rockbell", "oldPassword":"RushValley", "newPassword": "ed"}'
HTTP/1.1 401 Unauthorized
Server: restify
Content-Type: application/json
Content-Length: 84
Date: Sun, 28 Jan 2024 07:33:27 GMT
Connection: keep-alive
Keep-Alive: timeout=5

{
  "code": "Unauthorized",
  "message": "Error: User not registered or password incorrect"
}
```

ボディデータのチェック

作業に入る前に、PATCH データを確認します。まず、req.body に 3 つのプロパティがあるかをチェックし、揃っていなければエラーを上げます（32 ～ 33 行目）。また、req.body.username に収容されたユーザ名がエンドポイント末尾の :name とマッチしなければ、ここでもエラーを上げます（35 ～ 36 行目）。

ユーザチェックとデータ更新を担当する updateAction() メソッド（30 ～ 48 行目）は async 関数なので、エラーが発生したときは、Promise.then().catch() の catch の側で捉えます（56 ～ 58 行目）。

```
56    .catch(function(err) {
57      return next(new errors.UnauthorizedError(err.toString()));
58    })
```

データの検索と更新

指定のユーザが存在し、パスワードが正しいかを認証するには、Collection.find() で req.body.username と req.body.oldPassword とマッチするドキュメントを探します。なければ、ユーザ名かパスワードが正しくないので、エラーを上げます。あれば、FindCursor.updateOne() でパスワードを更新します。この 2 ステップは、Collection.findAndUpdate() メソッドでまとめて一気に実行できます（42 行目）。

```
38    let filter = {username: body.username, password: body.oldPassword};
39    let update = {$set: {password: body.newPassword}};
30
41    let collection = await client.db('auth').collection('passwd');
42    let doc = await collection.findOneAndUpdate(filter, update);
```

メソッドの第 1 引数には Collection.find() に指定するものと同じフィルタを指定します（38 行目）。

第 2 引数には更新データを指定します（39 行目）。これは FindCursor.updateOne() の引数と同じものです。更新データは「フィールド更新演算子」（field update operator）と呼ばれる演算子を使って記述します。使いかたは $gte などの比較演算子と似ていて、演算子をキーに、操作パラメータを値にしたオブジェクトにします。ここで用いているフィールド演算子は「値の指示どおりにフィールドをセットせよ」を意味する $set です。他にも、現在時刻をセットする $currentDate、値を1つインクリメントする $inc などがあります。詳細は「MondoDB Manual > Reference > Operators > Update Operators > Field Update Operators」を参照してください。

https://www.mongodb.com/docs/manual/reference/operator/update-field/

Collection.FindOneAndUpdate() は Promise を返す非同期関数です。メソッド名が示すとおり、マッチするドキュメントのうち1つだけを更新します。戻ってくる値は ModifyResult というオブジェクトで、中身は変更「前」のドキュメントです。実行例のときに43行目が印字したものを次に示します。

```
Found {
  _id: new ObjectId('65a5ade26af72e7fe4f14253'),
  username: 'w.rockbell',
  password: 'automail'                          // 変更前のパスワード
}
```

検索（find）をし、見つけた最初のドキュメント（One）に対してなんらかの操作を施すメソッドを、参考までに次に示します。

メソッド	操作
Collection.findOne(filter)	filter にマッチする最初のドキュメントを返す。
Collection.findOneAndDelete(filter)	filter にマッチする最初のドキュメントを削除する。
Collection.findOneAndReplace(filter, replacement)	filter にマッチする最初のドキュメントを replacement と入れ替える。
Collection.findOneAndUpdate(filter, update)	filter にマッチする最初のドキュメントの一部を update の指示に従って入れ替える。

第 4 章
その他の機能

本章では、ここまでの章に収まらなかったその他の機能を取り上げます。具体的には、ヘルプあるいはマニュアル用のスタティックなページの提供、30x リダイレクト、gzip によるボディ圧縮、送信データの変換です。また、Restify が提供するクライアントモジュールにも触れます。

4.1 ドキュメントページ

■ 目的

ファイルに記述されたスタティック（固定的）なドキュメントページを提供するエンドポイントを作成します。REST サーバでのスタティックページは、たいていは API ドキュメントや組織の概要など補助的な情報を示すのに使われます。これには serveStatic プラグインを用いますが、これまでのものとはやや用法が異なります。

ここでは、サーバコード直下のサブディレクトリ（./docs/）配下の HTML ファイルを /docs/xxxx.html として提供します。ファイルは index.html と api.html の 2 つを用意します。

■ コード

ドキュメントファイルを提供する HTTP サーバのコードを次に示します。

リスト 4.1 ● others-static.js

```
 1 const fs = require('node:fs');
 2 const path = require('node:path');
 3 const restify = require('restify');
 4 
 5 
 6 let server = restify.createServer();
 7 server.get('/docs/*', restify.plugins.serveStatic({
 8   directory: __dirname,
 9   default: 'index.html',
10   charSet:'utf-8'
11 }));
12 server.get('/sake/:name', function(req, res, next){
13   res.send({message: `received ${req.params.name}`});
14 });
15 
16 server.listen(8080, function() {
17   fs.readdir(path.join(__dirname, './docs'), function(err, arr) {
18     console.log(`Files: ${arr.join(', ')}`);
19   });
20 });
```

■ 実行例

サーバは localhost:8080 での HTTP アクセスの待ち受けを開始すると、次のように提供可能なファイルのリストを表示します（コード 17 〜 19 行目）。

```
$ node others-static.js
Files: api.html, index.html
```

GET /docs/api.html をリクエストすると、./docs/api.html に収容された HTML データが応答されます。レスポンスヘッダにあるように、返ってくるデータは UTF-8 エンコードされた text/html です。

```
$ curl -i localhost:8080/docs/api.html
HTTP/1.1 200 OK
Server: restify
Cache-Control: public, max-age=3600
Content-Length: 141
Content-Type: text/html; charset=utf-8       // 注目!
Last-Modified: Sun, 31 Dec 2023 05:47:16 GMT
Date: Mon, 01 Jan 2024 00:00:21 GMT
Connection: keep-alive
Keep-Alive: timeout=5

<!DOCTYPE html>
<html lang="ja-JP">
<head>
  <meta charset="UTF-8">
</head>
<body>

<h1>REST API user's guide</h1>

</body>
</html>
```

GET /docs/ のようにファイル名を省いたときは、デフォルトで index.html を返します。

```
$ curl localhost:8080/docs/
<!DOCTYPE html>
<html lang="ja-JP">
```

```
<head>
  <meta charset="UTF-8">
</head>
<body>

<h1>Welcome to Restify</h1>

</body>
</html>
```

存在しないファイルをリクエストすると、404が返されます。ボディのタイプはapplication/jsonです。

```
$ curl -i localhost:8080/docs/nofile.html
HTTP/1.1 404 Not Found
Server: restify
Content-Type: application/json                // 注目!
Content-Length: 177
Date: Mon, 01 Jan 2024 00:01:49 GMT
Connection: keep-alive
Keep-Alive: timeout=5

{
  "code": "ResourceNotFound",
  "message": "/docs/nofile.html; caused by Error:
    ENOENT: no such file or directory, stat '/mnt/c/Codes/docs/nofile.html'"
}
```

REST用のエンドポイントも併記しているので（コード11～13行目）、GET /sake/:nameにはJSONテキストで応答します。

```
$ curl localhost:8080/sake/sake
{"message":"received sake"}
```

■ ファイルコンテンツの提供

エンドポイントとディレクトリ配下のファイルを対応付けるルーティングは、serveStaticプラグインから提供します。普段のものと違うのは、Server.use()やpre()ではなく、get()などのルーティング設定関数で処理関数（ハンドラ）代わりに指定するところです（7～11行目）。

```
6 let server = restify.createServer();
7 server.get('/docs/*', restify.plugins.serveStatic({
8   directory: __dirname,
9   default: 'index.html',
10  charSet:'utf-8'
11 }));
```


引数には、次のプロパティを収容したオプションオブジェクトを指定します。

プロパティ	値
directory	HTMLドキュメントのあるトップディレクトリ。
default	/docs/のようにファイル名が割愛されているときに用いられるデフォルトページ。
appendRequestPath	directoryにエンドポイントを連結せずに、directoryをそのまま使うときにfalseをセットする（デフォルトはtrue）。
charSet	Content-Type: text/html; charset=XXXXをレスポンスヘッダに加える。
maxAge	Cache-Controlレスポンスヘッダフィールドのmax-ageの値を整数値からセットする。デフォルトは3600（秒）。

ファイルの所在は、directoryプロパティ値とエンドポイントを連結した値から得られます。directoryが/mnt/c/Codesで、エンドポイントが/docs/nofile.htmlなら、ターゲットのファイルは/mnt/c/Codes/docs/nofile.htmlです。エンドポイントのパスを加えずにファイルパスを生成したいなら（/mnt/c/Codes/noFile.htmlにする）、appendRequestPathオプションプロパティにfalseをセットします。

defaultはファイル名が割愛されたときに用いられるデフォルトのファイル名で、たいていのWebサーバに用意されている機能です。よく用いられるファイル名はindex.htmlやwelcome.htmlです。

charSetは、Content-Typeレスポンスヘッダフィールドのcharset=に記述する文字コードを指定します。このオプションがなければ、Content-Type: text/htmlだけが返されます。

■ ディレクトリを読む

必須な機能ではないですが、サーバは起動時に用意されているファイルをコンソールに表示します（16～19行目）。これにはNode.js File Systemモジュールのreaddir()メソッドを用います。readFile()同様、同期、非同期、Promiseの3つのタイプがありますが、出力タイミングが気にならないここでは非同期タイプを使っています。

```
16 server.listen(8080, function() {
17   fs.readdir(path.join(__dirname, './docs'), function(err, arr) {
18     console.log(`Files: ${arr.join(', ')}`);
19   });
```

同期型 fs.readdir() メソッドのコールバック関数の引数には、エラー時のエラーオブジェクト（err）と成功時のファイル名の配列（arr）が引き渡されます。ファイル名はデフォルトでは文字列 string ですが、メソッドのオプションを変更することで Buffer や fs.Dirent とすることもできます。

4.2 リダイレクト

目的

旧エンドポイントへのアクセスがあれば、新エンドポイントへリダイレクトします（301 Moved Permanently）。ここでは /old/:name を /new/:name にリダイレクトします。/new/:name へのアクセスには、適当なメッセージを返します。

サービスのバージョンや API が変更されたときに便利です。

コード

リダイレクト対応の REST サーバのコードを次に示します。

リスト 4.2 ● others-redirect.js

```
1  const url = require('node:url')
2  const restify = require('restify');
3
4
5  function redirect(req, res, next) {
6    let path = req.getPath().replace('old', 'new');
7    let location = new url.URL(path, server.url);
8    res.setHeader('Location', location);
9    res.send(301, {
10     message: 'Redirected',
11     serverURL: location
12   });
```

```
13   return next();
14 }
15
16 function respond(req, res, next) {
17   res.send({
18     message: 'From the New World.'
19   });
20 }
21
22
23 let server = restify.createServer();
24 server.get('/old/:name', redirect);
25 server.get('/new/:name', respond)
26 server.listen(8080);
```


■ 実行例

クライアントが /old エンドポイントにアクセスすると、「301 Moved Permanently」を返します。

```
$ curl -i localhost:8080/old/sat
HTTP/1.1 301 Moved Permanently
Server: restify
Location: http://[::]:8080/new/sat
Content-Type: application/json
Content-Length: 63
Date: Mon, 01 Jan 2024 02:22:13 GMT
Connection: keep-alive
Keep-Alive: timeout=5

{
  "message": "Redirected",
  "serverURL": "http://[::]:8080/new/sat"
}
```

このレスポンスは、ブラウザだと見ることはありません。ブラウザはリダイレクトメッセージを受け取ると、Location ヘッダフィールド値に指定された URL に自動的にアクセスするからです。同じ動作は、curl では -L オプション（--location）から指示できます。

```
$ curl -iL localhost:8080/old/sat
HTTP/1.1 301 Moved Permanently                  // 最初は301
Server: restify
Location: http://[::]:8080/new/sat
Content-Type: application/json
Content-Length: 63
Date: Mon, 01 Jan 2024 02:25:22 GMT
Connection: keep-alive
Keep-Alive: timeout=5

HTTP/1.1 200 OK                                 // 自動でLocationに飛んだ結果
Server: restify
Content-Type: application/json
Content-Length: 33
Date: Mon, 01 Jan 2024 02:25:22 GMT
Connection: keep-alive
Keep-Alive: timeout=5

{
  "message": "From the New World."
}
```

■ リダイレクト

リダイレクトだからと、とくに変わったことをする必要はありません。通常のHTTPメッセージのステータスコードに300番台を用い（9行目）、リダイレクト先をLocationヘッダフィールドで示すだけです（8行目）。

```
 5 function redirect(req, res, next) {
 6   let path = req.getPath().replace('old', 'new');
 7   let location = new url.URL(path, server.url);
 8   res.setHeader('Location', location);
 9   res.send(301, {
10     message: 'Redirected',
11     serverURL: location
12   });
13   return next();
```

処理関数の第2引数のresはhttp.ServerResponseオブジェクトなので、そのsetHeader()メソッドから任意のレスポンスヘッダを加えられます（8 行目）。Location ヘッダフィールドの値は相対 URL でもかまいませんが、ここでは URL モジュールの url.URL() コンストラクタを用いて、サーバ自身の URL（Server.url）とリクエストにあったパスからフル URL を生成しています（7 行目）。

url.URL() コンストラクタには、加えるパス部分を第 1 引数に、ベースとなるスキームやドメイン名（権限元）を第 2 引数に指定します。

```
> const url = require('url')
undefined
> new url.URL('./a/b/sat.html', 'http://www.exemple.com/').toString()
'http://www.exemple.com/a/b/sat.html'
```

ターゲット URL は、リクエストオブジェクトの getPath() メソッド（http.IncomingMessage.getPath()）から取得できます（6 行目）。

4.3 メッセージボディ圧縮

■ 目的

クライアントがデータ圧縮を受け付けるなら、レスポンスボディに gzip を施してから返送します。これには、gzipResponse プラグインを使います。

データ圧縮は、データサイズがおおきな JSON ボディを返すときに有用です。JSON はテキストで書かれているので、gzip なら 7 割から 9 割近くまでデータを削減できます。

圧縮データを受け付けることができることをサーバに伝えるには、クライアントは HTTP リクエストヘッダの Accept-Encoding を使います。このフィールドに指定できる圧縮方式は compress や deflate などいくつかありますが、Restify で利用できるのは gzip だけです。このヘッダフィールドが指定されていない、あるいが gzip 以外が指定されているときは、レスポンスは圧縮されません。

■ コード

ボディ圧縮対応の REST サーバのコードを次に示します。

リスト 4.3 ● others-gzip.js

```
const restify = require('restify');


function respond(req, res, next) {
  console.log(`Accept-encoding: ${req.headers['accept-encoding']}`);
  res.send({
    message: '圧縮メッセージのテスト'
  });
  return next();
}


let server = restify.createServer()
server.use(restify.plugins.gzipResponse());
server.get('/sake/:name', respond);
server.listen(8080);
```

■ 実行例

GET /sake/:name（コード 14 行目）をリクエストすると、プロパティが 1 つだけの JSON テキスト（7 行目）が応答されます。

Accept-Encoding の指定がなければ、応答は gzip 圧縮されません。このことは、Content-Encoding レスポンスヘッダが存在しないことからわかります。

```
$ curl -is localhost:8080/sake/sake
HTTP/1.1 200 OK
Server: restify
Content-Type: application/json
Content-Length: 47
Date: Wed, 03 Jan 2024 00:33:01 GMT
Connection: keep-alive
Keep-Alive: timeout=5

{
  "message": "圧縮メッセージのテスト"
}
```

Accept-Encoding: gzip を指定します。

```
$ curl -i localhost:8080/sake/sake -H 'Accept-Encoding: gzip'
HTTP/1.1 200 OK
Server: restify
Content-Encoding: gzip                    // gzipで圧縮
Content-Type: application/json
Date: Tue, 06 Feb 2024 06:36:32 GMT
Connection: keep-alive
Keep-Alive: timeout=5
Transfer-Encoding: chunked                // チャンク形式

Warning: Binary output can mess up your terminal. Use "--output -" to tell
Warning: curl to output it to your terminal anyway, or consider "--output
Warning: <FILE>" to save to a file.
```

--compressed（ショートカットはなし）オプションはAccept-Encodingを送信しますが、フィールド値にはcurlが対応できる方式が列挙されます。筆者の環境ではdeflate, gzip, be, zstdでした。これならgzipResponseプラグインはgzipされたデータを返します。しかし、--compressedはレスポンスボディを自動的に解凍してしまうので、バイナリが返ってくることが示せません。

レスポンスボディがコンソールに印字できないバイナリなため、curlは警告を上げてデータを示してくれません。しかし、Content-Encodingがgzipになっていることだけはわかります。また、Transfer-Encodingがchunkedになっています。これは、レスポンスを圧縮化するときの副作用なので、ここでもデータが圧縮されていることがわかります（圧縮できた部分から順次送るので、全体のサイズを事前に知らなければならないContent-Lengthが使えない）。

警告は--outputを推奨しているので、これを試します。バイナリが出力されるとコンソールが乱れることもあるので、Unixコマンドのodをパイプにつなぎます。

```
$ curl -so - localhost:8080/sake/sake -H 'Accept-Encoding: gzip' | od -t x1
0000000 1f 8b 08 00 00 00 00 00 00 03 ab 56 ca 4d 2d 2e
0000020 4e 4c 4f 55 b2 52 7a 3a 67 f9 f3 1d eb 1e 37 2f
0000040 7c dc dc fc b8 69 f7 e3 e6 3d 8f 9b 76 3c 6e 04
0000060 8a b4 3d 6e da f9 b8 b9 43 a9 16 00 99 09 61 63
0000100 2f 00 00 00
```

レスポンスボディを指定のファイルに書き出す --output オプションのショートカットは -o です。このオプションは引数に標準出力 - を取ることができます。-s（ロングフォーマットは --silent）はプログレスバーを抑制するので、パイプをするときによく用います。

バイナリ先頭の 1f 8b は gzip のシグニチャ（マジックナンバー）です。無圧縮の状態（JSON テキスト）では 47 バイト長だったのに、圧縮されると 68 バイトと、逆に大きくなっています。これは gzip のヘッダなどのオーバーヘッドが多くを占めているからです。もとデータが大きければ圧縮の効果が現れます。

■ 圧縮処理

クライアントからの Accept-Encoding リクエストヘッダに呼応してボディを圧縮させるプラグインは gzipResponse です。Server.use() メソッドから組み込みます（14 行目）。

```
14 server.use(restify.plugins.gzipResponse());
15 server.get('/sake/:name', respond);
```

プラグインの中身は、Node.js ネイティブの zlib.createGzip() メソッドです。このメソッドは圧縮関連のパラメータを引数に取ります（たとえば圧縮レベルの指定）。gzipResponse() はこれら gzip オプションを収容したオブジェクトを引数に取り、それをそのまま zlib.createGzip() に引き渡します。詳細は、Node.js のドキュメントを参照してください。

4.4 メディア変換

■ 目的

レスポンスボディを、Accept リクエストヘッダに指定されたメディア種別に変換してから返信します。

1.1 節で軽く触れましたが、Restify は送信データに応じて自動的にメディア変換を行います。たとえば、JavaScript オブジェクトは JSON テキストに変換し、レスポンスヘッダには Content-Type: application/json をセットします。本節では、このメディア変換メカニズムの詳細と、デフォルトでは用意されていないメディア変換の方法を説明します。

ここでは、text/html と text/markdown を扱います。といっても、前者は <pre> で、後者は ```

で送信データの文字列表現をくくるだけで、たいしたことはしません。データは次の JavaScript オブジェクトを使います（ハードコーディングしています）。

```
{
  name: "Ara Single Estate Pinot Noir",
  region: "Marlborough",
  price: 19.99
}
```

Markdown は、HTML と同じくマークアップ言語です。HTML ほど表現力はありませんが、手軽に書け、レンダリングされていない生のままでもストレスなく読めます。Github や Qiita など、ユーザがまとまった文章を書き込めるサイトで広く採用されています。詳細は次の Wikipedia の「Markdown」ページを参照してください。

https://ja.wikipedia.org/wiki/Markdown

オフィシャルなメディア種別は登録制になっており、次に示す IANA のページにすべてリストされています。

https://www.iana.org/assignments/media-types/media-types.xhtml

■ Restify のメディア変換メカニズム

Restify が `res.send()` でレスポンスを送信するとき、どのようにメディア変換をし、なにを `Content-Type` に示すかを、次の順序で決定します。

1. `res.contentType` プロパティがあれば、そこに指定されているメディア種別を使用する（このプロパティはデフォルトでは存在しません）。
2. `Content-Type` レスポンスヘッダに値が明示的にセットされていれば（`res.setHeader()` を使う）、そのメディア種別を使用する。
3. `res.send()` の引数にあるメッセージボディが `Buffer` 以外の JavaScript オブジェクトであれば、`application/json` を使用する。本書ではほとんどがこのパターン。文字列や数値などは基本型であってオブジェクトではないので、この判定では除外されます。
4. クライアントからの `Accept` リクエストヘッダがあれば、そのフィールド値を使用する。

以上が有効に動作するには、そのメディア種別に対応するメディア変換関数が定義されていなければなりません。メディア変換関数がなければ、デフォルトで application/octet-stream が使われます（RFC 9110 は、Content-Type が不明のときはこれを用いるのを勧めています）。

メディア種別が選択されれば、Content-Type レスポンスヘッダにもその値が書き込まれます。

注意しなければならないのは、メディア変換は Restify の res.send() からのみ呼び出されるメカニズムなところです。Node.js ネイティブの res.write() や res.end() を使うと作動しません。また、ネイティブのサーバのレスポンスにはデフォルトではヘッダがほとんどなく、Content-Type すらありません（7.2 節参照）。

Restify には、デフォルトで次の 4 つのメディア種別のメディア変換関数が定義されています。

- text/plain
- application/json
- application/octet-stream
- application/javascript

ここでメディア変換関数と呼んでいるものを、Restify は formatters と呼びます。バンドルされている関数の概要は、次のリンクから辿れます。Restify のドキュメントに掲載されているのですが、本書執筆時点では、なぜかトップページの［Docs］からだと辿れません。

http://restify.com/docs/formatters-api/

メディア種別とメディア変換関数の対応付けは、Server オブジェクトの formatters に収容されています。restify.createServer() でサーバを生成するときに formatters オプションを指定すると、Server.formatters はその情報をもって更新されます。

■ コード

text/html と text/markdown へのメディア変換に対応したサーバのコードを次に示します。

リスト 4.4 ● others-formatter.js

```
1 const restify = require('restify');
2
3 const data = {
4   name: "Ara Single Estate Pinot Noir",
5   region: "Marlborough",
6   price: 19.99
7 }
8
```

```
 9
10 function respond(req, res, next) {
11   res.contentType = req.headers.accept;
12   res.send(data);
13   return next();
14 }
15
16 function formatHtml(req, res, body) {
17   return '<html><body><pre>\n' +
18     JSON.stringify(body, null, 2) +
19     '\n</pre></body></html>';
20 }
21
22 function formatMarkdown(req, res, body) {
23   return '```\n' +
24     JSON.stringify(body, null, 4) +
25     '\n```';
26 }
27
28
29 let server = restify.createServer({
30   formatters: {
31     'text/html': formatHtml,
32     'text/markdown': formatMarkdown
33   }
34 });
35 server.get('/wine/:name', respond);
36 server.listen(8080);
37 console.log(server.formatters);
```

■ 実行例

サーバを起動すると、登録済みのメディア種別＝メディア変換関数の一覧が表示されます（コード 37 行目）。本節で追加した text/html と text/markdown も入れて計 6 点です。

```
$ node others-formatter.js
{
  'application/javascript': [Function: formatJSONP],
  'application/json': [Function: formatJSON],
  'text/plain': [Function: formatText],
  'application/octet-stream': [Function: formatBinary],
```

```
  'text/html': [Function: formatHtml],
  'text/markdown': [Function: formatMarkdown]
}
```

Acceptでメディア種別を指定してアクセスすれば、メディア種別選択アルゴリズムの第4項目が発動します。まずはHTMLのほうです。Content-Typeレスポンスヘッダにもtext/htmlが示されています。

```
$ curl -i localhost:8080/wine/wine -H 'Accept: text/html'
HTTP/1.1 200 OK
Server: restify
Content-Type: text/html                    // ここ、注目
Date: Fri, 02 Feb 2024 23:49:03 GMT
Connection: keep-alive
Keep-Alive: timeout=5
Transfer-Encoding: chunked

<html><body><pre>
{
  "name": "Ara Single Estate Pinot Noir",
  "region": "Marlborough",
  "price": 19.99
}
</pre></body></html>
```

Markdownも、<pre>の代わりに3連バッククォートが使われるだけでたいして変わりはしません。

````
$ curl -i localhost:8080/wine/wine -H 'Accept: text/markdown'
HTTP/1.1 200 OK
Server: restify
Content-Type: text/markdown                // ここ、注目
Date: Fri, 02 Feb 2024 23:54:33 GMT
Connection: keep-alive
Keep-Alive: timeout=5
Transfer-Encoding: chunked

```
{
    "name": "Ara Single Estate Pinot Noir",
````
````

~~~~
    "region": "Marlborough",
    "price": 19.99
}
```
~~~~

デフォルトで変換関数が用意されているメディア種別から、text/plain を試します。この関数（formatText）はレスポンスボディに .toString() メソッドを作用させているだけなので、オブジェクト相手だと思ったようには文字列化してくれません。


```
$ curl -i localhost:8080/wine/wine -H 'Accept: text/plain'
HTTP/1.1 200 OK
Server: restify
Content-Type: text/plain                    // ここ、注目
Content-Length: 15
Date: Fri, 02 Feb 2024 23:55:53 GMT
Connection: keep-alive
Keep-Alive: timeout=5

[object Object]
```

メディア変換関数が用意されていないメディア種別を指定すると、変換アルゴリズムの例外事項が発動し、application/octet-stream が選択されます。これも、toString() してから Buffer に変換しているだけなので（そして Buffer には文字列のバイナリ表現が入っているだけなので）、ボディは text/plain と同じです。

```
$ curl -i localhost:8080/wine/wine -H 'Accept: image/png'
HTTP/1.1 200 OK
Server: restify
Content-Type: application/octet-stream      // ここ、注目
Content-Length: 15
Date: Sat, 03 Feb 2024 00:01:10 GMT
Connection: keep-alive
Keep-Alive: timeout=5

[object Object]
```

■ メディア種別とメディア変換関数の登録

デフォルト4種以外のメディアで変換メカニズムを利用するにあたっては、そのメディア種別とメディア変換関数をrestify.createServer()の呼び出し時に指定します。用いるオプションプロパティはformattersで、その値には、キーにメディア種別文字列、値に処理関数を示したオブジェクトを書き込みます（29～34行目）。

```
29 let server = restify.createServer({
30   formatters: {
31     'text/html': formatHtml,
32     'text/markdown': formatMarkdown
33   }
34 });
```

以降、この組み合わせはServer.formattersプロパティに収容されます（37行目で印字）。

■ メディア変換関数のフォーマット

メディア変換関数のシグニチャは16、22行目で書いているように、(req, res, body)です。

```
16 function formatHtml(req, res, body) {
22 function formatMarkdown(req, res, body) {
```

関数はこれらオブジェクトを自由に使えます。reqはクライアントリクエストを表現しているので、リクエストヘッダなどの情報をもとに変換方法を決定することもできます。レスポンスメッセージを表現するresは、ヘッダを加えるなど変更すれば、そのままクライアントに返送されます。

Restifyのソースでは実際、res.setHeader(...)が使われています。ただ、コメントにはメディア変換と直接関係のない機能をここに入れるのはなんだなぁ、とぼやいています。

3番目のbodyは、res.send()の引数に指定されたレスポンスボディです。これになんらかの変換操作を施し、returnで返せば、それがクライアントに送信されます。

コードからわかるように、text/htmlもtext/markdownも、JSON.stringifyにbodyを通してから周囲をコード用ブロックで囲っているだけです。

4.5 Restify クライアント

■ 目的

Restify にはクライアント用のパッケージも用意されています。本節では、このパッケージで REST クライアントを作成します。

Node.js にも `http.request()` などのクライアント用 API が用意されていますが、HTTP と HTTPS でモジュールが異なっていたり、細切れに受信されるデータを再構成しなければならないなど、やや手間がかかります（Node.js ネイティブのクライアントについては 7.5 節参照）。その点、Restify のクライアントならメソッドを 1 つ呼ぶだけで済みます。

■ パッケージ

Restify のクライアントはメインとは別のパッケージとして提供されているので、別途インストールしなければなりません。

```
$ npm install restify-client
```

ドキュメントは妙なところに隠されていて、トップページの「Docs」から「Guides > Client Guide」です。

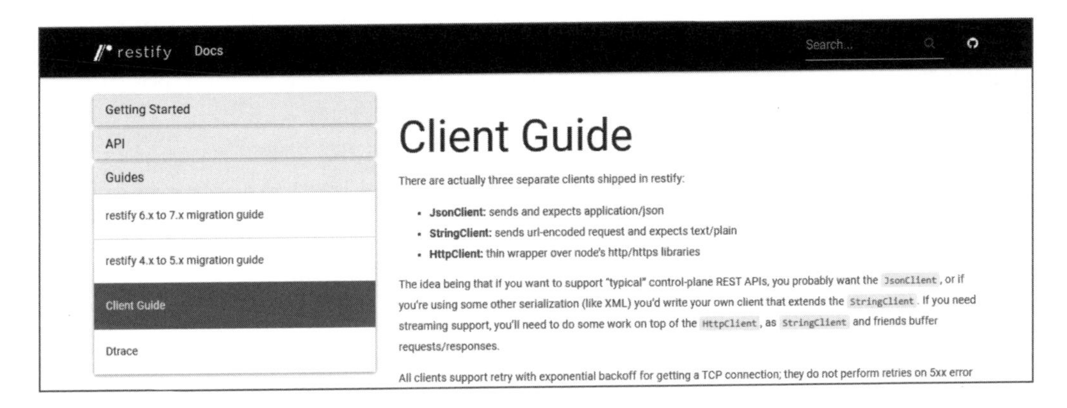

同じ情報は npm の restify-clients のページにも記載されています。

https://www.npmjs.com/package/restify-clients

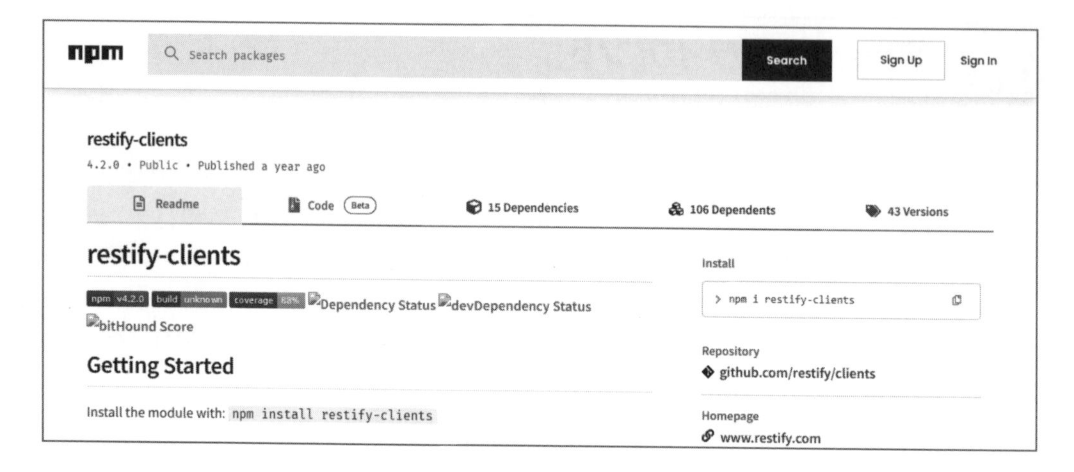

Restifyのクライアント用パッケージには3タイプが用意されています。

- JsonClient ... `application/json`の送受専用。
- StringClient ... URLエンコーディングされたデータを送信し、`text/plain`を懇請。主としてXMLデータ用。
- HttpClient ... 普通のHTTPクライアント。

本節では、JSON専用のJsonClientを用いて、リクエストとレスポンスのどちらのヘッダもコンソール出力するクライアントを作成します（`curl -v`風です）。

コード

JsonClientクラスを用いたクライアントのコードを次に示します。

リスト4.5 ● others-client.js

```
1  const restify = require('restify-clients');
2
3  let client = restify.createJsonClient(process.argv[2]);
4  client.get(process.argv[3], function(err, req, res, obj) {
5    if (err) {
6      console.log(`name: ${err.name}, message:`, err.message);
7      process.exit(0);
8    }
9
10   console.log(`< ${req.method} ${req.path}`);
```

```
11    for (let [key, value] of Object.entries(req.getHeaders()))
12      console.log(`< ${key}: ${value}`);
13    console.log('');
14
15    console.log(
16      `> HTTP/${res.httpVersion} ${res.statusCode} ${res.statusMessage}`);
17    for (let [key, value] of Object.entries(res.headers))
18      console.log(`> ${key}: ${value}`);
19    console.log('> ');
20
21    console.log('>', obj);
22  });
```


require() するモジュールが restify-clients であるところに注意してください（コード 1 行目）。

■ 実行例

スクリプトは第 1 引数から URL の基幹部分を（3 行目）、第 2 引数からパス部分を受け付けます（4 行目）。ターゲットを Github の REST API とすると、第 1 引数が https://api.github.com/、第 2 引数が / です。

```
$ node others-client.js https://api.github.com/ /
< GET /
< accept: application/json                    // 注目
< user-agent: restify/4.2.0 (x64-linux; v8/11.3.244.8-node.16; ...
< date: Sun, 21 Jan 2024 11:01:59 GMT
< host: api.github.com

> HTTP/1.1 200 OK
> server: GitHub.com
> date: Sun, 21 Jan 2024 11:02:00 GMT
> content-type: application/json; charset=utf-8
> cache-control: public, max-age=60, s-maxage=60
> vary: Accept, Accept-Encoding, Accept, X-Requested-With
> etag: W/"e1173261b2ef116792e39d54ab6d90e5b6e1054a049fd5730b84c7d9cd028aed"
> x-github-media-type: github.v3
 ⋮
>
> {
  current_user_url: 'https://api.github.com/user',
```

```
  current_user_authorizations_html_url: 'https://github.com/settings/...'
  authorizations_url: 'https://api.github.com/authorizations',
  ⋮
  user_search_url: 'https://api.github.com/search/users?q={query}...'
}
```

先頭に < のある行が、このクライアントが送信したリクエストヘッダです。Accept: application/json と明示することで、JSON を懇請しているところがポイントです。

空行を挟んで続く > が行頭にあるものがレシポンスヘッダです。懇請したのが JSON なので、返信が Content-Type: application/json です。なお、JSON テキストは UTF-8 でエンコードされた Unicode 文字であるべきことは仕様（RFC 8259）で規定されています。

空行を 1 つ空けて、レスポンスボディが続きます。レスポンスは JSON テキストですが、モジュールが自動的に JSON オブジェクトに変換します。JSON テキストではないことは、オブジェクトのキー文字列が二重引用符でくくられていないこと、値の文字列が単一引用符でくくられていることからわかります（JSON テキストならどちらも二重引用符でくくられなければならない）。

エラー状態を試すため、存在しない /api パスを試します。

```
$ node others-client.js https://api.github.com/ /api
name: NotFoundError,
message: {"message":"Not Found","documentation_url":"https://docs.github.com/rest"}
```

上がってくるエラーは restify-errors モジュールのエラーメッセージオブジェクトです。

■ クライアントの作成

JsonCient でクライアントを作成するには、createJsonClinet() メソッドです（3 行目）。

```
3  let client = restify.createJsonClient(process.argv[2]);
```

引数にはオプションを収容したオブジェクトあるいは URL 文字列を指定します。ここでは URL を指定しています。オプションを用いるときは、URL はそのプロパティから次のように指定します。

```
let client = restify.createJsonClient({
  url: 'https://docs.github.com/'
});
```

主要なオプションを次に示します。

オプションプロパティ	データ型	機能
accept	文字列	Accept リクエストヘッダに指定するメディアタイプ。
connectionTimeout	数値	TCP 接続のタイムアウト時間（単位ミリ秒）。
requestTimeout	数値	リクエストが完了するまでの最大時間（単位ミリ秒）。
headers	オブジェクト	リクエストヘッダ。
url	文字列	ターゲット URL。
userAgent	文字列	User-Agent リクエストヘッダに現れる文字列。

connectionTimeout は TCP コネクションが確立するまでの、requestTimeout はリクエストが完了するまでの最大時間です。それまでに接続確立あるいはセッションが終わらなければ、timeout イベントが発生します。

■ HTTP メソッド

クライアントが用意できたら、get() や head() など HTTP メソッドを小文字で表記したインスタンスメソッドでサーバにアクセスします。ここでは GET リクエストなので、メソッドは get() です（4 行目）。

```
4 client.get(process.argv[3], function(err, req, res, obj) {
```

第 1 引数にはパスを、第 2 引数にはレスポンスが返ってきたときに呼び出されるコールバック関数をそれぞれ指定します。どちらの引数も必須です。

パスの代わりにオプションオブジェクトを指定することもできます。オブジェクトの中身は createJsonClient() のものとほぼ同じです。createJsonClient() の URL にパスが含まれていても、パスは第 1 引数に指定しなければなりません。

コールバック関数に引き渡されるのは err、req、res、obj（オブジェクト）の 4 点です。登場順に注意してください。Node.js のコールバック関数シグニチャでは、エラーを最初に書くのが作法です。

err は restify-errors のエラーオブジェクトです（たとえば restify-errors.BadRequestError）。エラーが発生しなければ、undefined です。ここでは、エラーがあったらプロセスを終了（7 行目）しています。

```
5    if (err) {
6      console.log(`name: ${err.name}, message:`, err.message);
7      process.exit(0);
8    }
```

req はクライアントが送信するリクエストを表現するオブジェクトで、http.ClientRequest クラスのインスタンスです。ここから、どのようなヘッダがサーバに送られたのかなどの確認ができます（10 ～ 13 行目）。インスタンスのメソッドやプロパティについては 7.5 節を参照してください。

```
10   console.log(`< ${req.method} ${req.path}`);
11   for (let [key, value] of Object.entries(req.getHeaders()))
12     console.log(`< ${key}: ${value}`);
13   console.log('');
```

res はサーバが返信するレスポンスを表現するオブジェクトで、http.IncomingMessage クラスのインスタンスです。サーバも、クライアントから受信するリクエストを表現するためにこのクラスを使用していますが、受け手と送り手の間で微妙な差異があるので注意が必要です（一方にはあって他方では未定義なプロパティもある）。ここでは HTTP ステータスライン（16 行目）とヘッダ（17 ～ 18 行目）を印字しています。

```
15   console.log(
16     `> HTTP/${res.httpVersion} ${res.statusCode} ${res.statusMessage}`);
17   for (let [key, value] of Object.entries(res.headers))
18     console.log(`> ${key}: ${value}`);
19   console.log('> ');
```

obj は、レスポンスボディの JSON テキストを JavaScript オブジェクトに変換したものです。レスポンスボディの変換は、内部では JSON.parse() が使われています。変換に失敗すると、例外が上がります。

Node.js ネイティブの HTTP クライアントは、データを断片単位（チャンク）で五月雨式に受信し（res.on('data')）、最終データを受け取った時点でメッセージボディを再構成しますが（res.on('end')）、Restify クライアントはその手間を省いてくれます（parseBody プラグインと同じメカニズムです）。おかげで、クライアントコードが大幅に短くなります。ここでも、コールバックで受け取ったそのままを印字しているだけです（21 行目）。

```
21    console.log('>', obj);
```

ヘッダ抜きでボディだけ表示するのなら、クライアントは 1 行で書けます（紙面幅の都合で折り返していますが 1 行です）。

```
$ node -e 'require("restify-clients").createJsonClient("https://api.github.com/")
.get("/", (err, req, res, obj)=>console.log(obj))'
```


コマンドラインからスクリプトをじかに実行する方法は 5.4 節を参照してください。

第Ⅱ部

基盤技術

第II部では、第I部で利用した基盤技術を補足説明します。いずれについてもソフトウェアの概要、インストール方法あるいはアカウント作成方法、マニュアルの所在と読み方のコツといった、導入に必要な基本事項を説明しています。

第5章　Node.js

基本情報に加え、Node.jsパッケージ（`package.json`）の作成方法とモジュール読み込みで使う`require()`を説明します。

第6章　Restify

`Server.pre()`や`Server.use()`で導入するプラグイン、そして処理関数（ハンドラ）の処理順序を追加で説明します。

第7章　Node.jsによるサーバ構築

Restifyが内部で使用しているHTTP/HTTPS/HTTP2モジュール、およびそこで用いられる`http.IncomingMessage`（`req`）や`http.ServerResponse`（`res`）の用法を、サーバスクリプトの実装を通じて示します。

第8章　MongoDB Atlas

データベース、コレクション、ドキュメントの作成・表示方法を説明します。ただし、ネットワークサービスのAtlasだけをターゲットにしており、GUIやCLIのクライアントは取り上げません。また、使わなくなったときのために、アカウントの削除方法も示します。

第9章　curl

本書の範囲での用例を章末にまとめています。

第10章　OpenSSL

HTTPSサーバの運用に必要な自己署名サーバ証明書の作成方法を説明します。

第5章 Node.js

本章では、Node.js の概要、導入手順、ドキュメントの読み方、基本的な用法を説明します。

5.1 概要

Node.js は JavaScript 言語の実行環境（インタプリタ）です。

JavaScript の処理エンジンは一般にはブラウザに実装されており、スクリプトを実行することで HTML ページを動的に生成・変更します。これに対し、Node.js は HTML を含まない JavaScript だけで書かれたスクリプトを、独立したプロセスとして実行します。端的には、ブラウザに埋め込まれたエンジンを取り出して、Python や Perl などの汎用的なスクリプト言語と同じようにコンソールから実行できるようにしたものです。

Node.js には、独立した処理系として利用できるように各種の機能が加わっています。OS やプロセスの操作、ファイル I/O、ソケット、マルチスレッド・マルチプロセスなどシステムコールから扱う機能が備わっているので、システム関連のプログラミングもできます。アプリケーション層プロトコル、暗号化、圧縮解凍などのライブラリも充実しており、サーバアプリケーションの作成も容易です。半面、`document.getElementById()` など DOM の操作機能は備わっていません。

Node.js はしばしばサーバサイド JavaScript と説明されます。これは動的にページを生成する、HTTP データを解釈するといった Web サーバの機能を有しているからです。しかし、それらは Node.js の機能の一部にすぎません。Node.js にはモダンなスクリプト言語なら備えていなければならない機能がひととおり備わっており、それだけで 1 つの言語環境となっています。

Node.js のオフィシャルページは次の URL からアクセスできます。

```
https://nodejs.org/
```

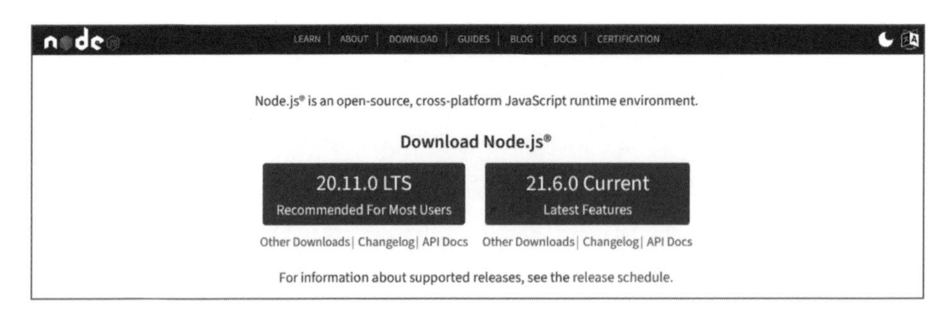

5.2 導入

Node.jsの最新版は、上記トップページのボタンからダウンロードできます。画面には「20.11.0 LTS」と「21.6.0 Current」がありますが、最新版を追いかけているのでなければ、LTSを選びます。

左手のLTSは「Long Term Support」(長期サポート版)の略で、他のソフトウェアの「安定版」に該当します。メジャー番号(ここでは20)が偶数のものがこの長期サポートの対象で、致命的なバグの修正やセキュリティパッチが30か月間提供されます。奇数番(右手の21)は開発版です。リリースおよびサポートのスケジュールは、次のURLから調べられます。

https://github.com/nodejs/Release

インストールはWindowsなら自己解凍形式のMSI、LinuxやMac OSならtarから好みのディレクトリを指定して展開するだけです。Linuxへのソフトウェアインストールには`yum`や`rpm`などのパッケージマネージャがよく用いられますが、バージョンが古いこともあるので、Linux用の`tar.xz`を入手したほうがよいでしょう。

コンソール(コマンドプロンプト等)から実行できるようにするには、ファイルサーチパスの`PATH`環境変数を設定します(MSIには設定オプションがあります)。

導入済みのNode.jsのバージョンは、コマンドオプションの`--version`から調べられます。

```
$ node --version
v20.9.0
```

5.3 ドキュメント

Node.js API参照ドキュメントはトップページ上端の[DOCS]から、あるいは次のURLからアクセスできます。

https://nodejs.org/en/docs/

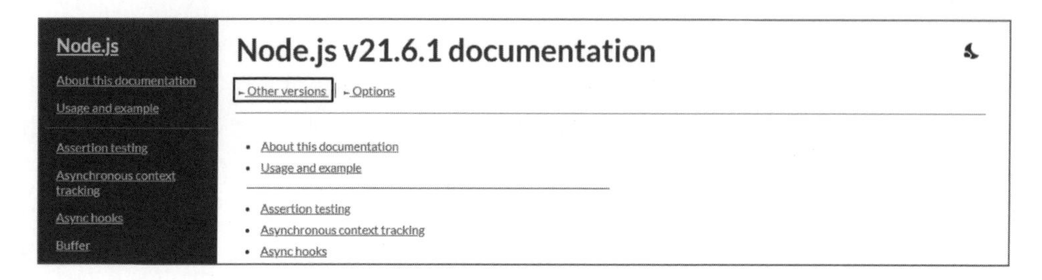

自動的に最新版（本書執筆現在 21.6.1）のページに遷移します。本書のように成熟した機能の一部しか使っていないのなら、どのバージョンのものでもたいして変わりはありません。どうしても自分の使っているバージョンと同じドキュメントを参照したいのなら、上端にある「Other versions」プルダウンメニューからそちらに移動します。

ドキュメントページは、画面に示すようにモジュール単位で分かれています。左側のパネルがメニューになっています。

全般的な説明についても一部ではセクション（ページ）を 1 つ割いていて、たとえば「Deprecated APIs」セクションは非推奨になった API の一覧を示します。

安定度

セクションの冒頭は、そのモジュールのクラスとそのメソッドおよびイベント、モジュール直下のメソッドを列挙した目次になっています。そのすぐ下に、次の画面のようにそのモジュールの安定度（stability）が示されます。

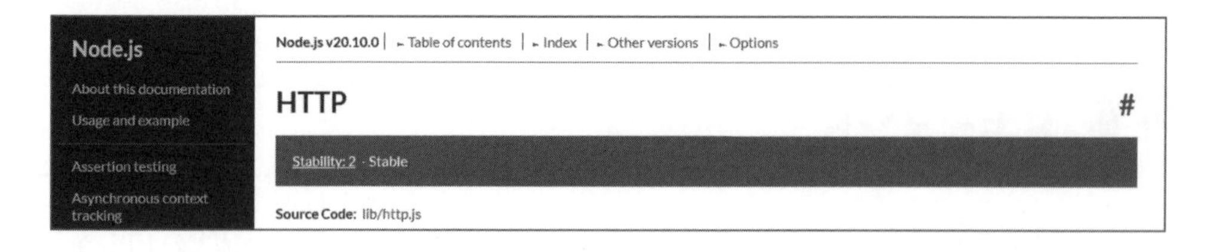

安定度は 0 から 3 の間の値で、自分のコードが依存しているモジュールの将来の仕様変更の可能性を示しています。次にその意味を示します。

安定度	意味	説明
0	Deprecated	非推奨。後方互換性も保証されてない。
1	Experimental	実験的。新機能などを実験的に導入したもので、変更などが将来起こる可能性がある。実稼働には向かない。

安定度	意味	説明
2	Stable	安定的。
3	Legacy	旧式。古い方法なので、同じ機能のより新しいものを利用することが勧められる。

普通に使ってよいのは安定度 2 のものです。

モジュール自体は安定的であっても、メソッドやプロパティ単位で実験的や非推奨になっているものもあります。たとえば、HTTP モジュールもその `http.ClientRequest` クラスも安定的ですが、`abort` イベントはバージョン 16.12.0 から非推奨化されています。

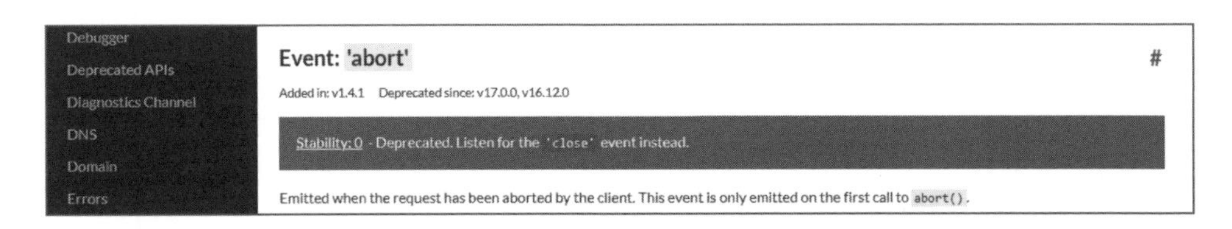

クラス

クラスの説明は変更履歴、簡単な説明、イベント、メソッド・プロパティの順に記載されています。HTTP モジュールの `http.IncomingMessage` クラスの例を次に示します。

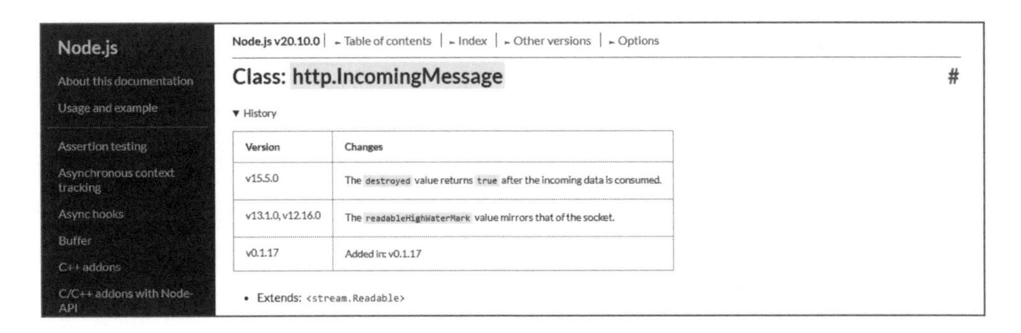

変更履歴（History）は詳細表示の▶で隠されているので、クリックして表示します。上記の例では、このクラスが v0.1.17 で導入され、v12.16.0 でプロパティに変更があり、v.15.5.0 で `request.destroyed` プロパティの挙動に変更があったことがわかります。バージョンの異なる環境で異なる挙動を示すような問題に遭遇したら、ここをチェックするとよいでしょう。

Extends 部分には、このクラスがどのクラスから拡張されているかが示されています。

以下、イベントがアルファベット順に列挙され、そのあとからメソッドとプロパティが混ざって示されます。どちらかは示されていませんが、名称のうしろにカッコがあるのがメソッド（関数）、ないものがプロパティです。

■ イベント

イベントの欄には、イベントが発生したときのコールバック関数に引き渡されるデータが示されています。

次に、http.Server オブジェクトにリクエストが届いたときに発せられる request イベントの箇所を示します。コールバック関数の引数には request と response が引き渡されます。そして、それらは http.IncomingMessage と http.ServerResponse オブジェクトであることがここからわかります。

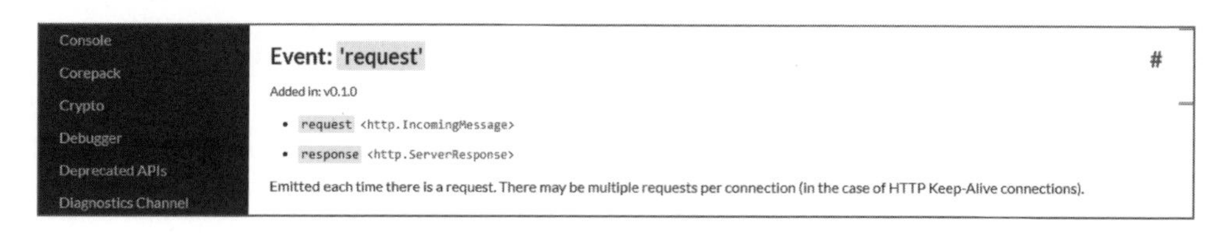

この request と response が Restify のマニュアルに頻出する req、res の正体です。

5.4 実行

Unix 系では、スクリプトファイル先頭に次のように #!（シェバン）を書き込みます。その上でファイルパーミッションに実行可（chmod +x）を加えれば、ファイル名単体で実行できます。

```
#!/usr/bin/env node
```

Windows ではこの手は使えないので、コマンド名とそれに引き渡すファイル名を指定します。

```
C:\temp>node script.js
```

非推奨化警告

使用しているモジュールやメソッドが非推奨化されていると、「Deprecation Warning」が上がってきます。たとえば、本書で使用している Restify 11.1.0 は次のように警告します。

```
(node:123) [DEP0111] DeprecationWarning: Access to process.binding('http_parser')
  is deprecated.
(Use `node --trace-deprecation ...` to show where the warning was created)
```

警告を無視するには、node の --no-deprecation オプションを指定します。#! では次のように書きます。env コマンドの -S（ロングフォーマットは --split-string）は複数の引数を指定するときに使うものです。

```
#!/usr/bin/env -S node --no-deprecation
```

Windows ならそのまま書きます。

```
C:\temp>node --no-deprecation script.js
```

非推奨警告に示される［DEP0111］などの非推奨番号の詳細は、ドキュメントの「Deprecated APIs」に示されています。

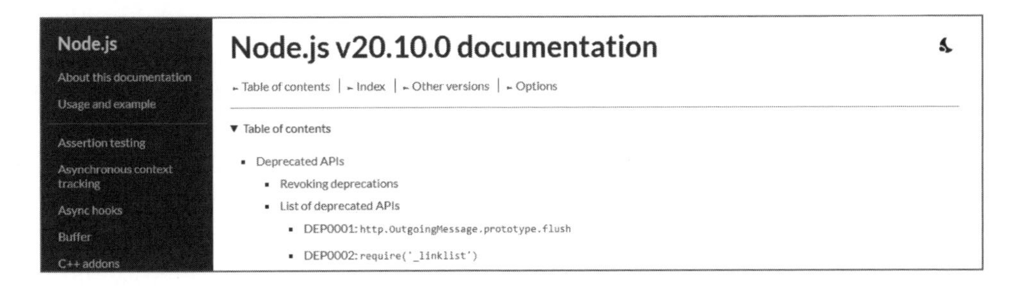

スクリプトをじかに実行

コマンドラインでスクリプトをじかに記述して実行させるには、-e（ロングフォーマットは --eval）または -p（--print）を使います。

前者は引数に指定したスクリプトを評価するだけなので、結果を表示したいのなら console.

log() などで明示的に印字させます。

```
$ node -e 'console.log(Math.cos(Math.PI))'  # -e では console.log が要る
-1
```

後者はインタラクティブモード（REPL）と同じように評価結果をコンソールに書き出します。便利ですが、評価するとその中身が大量に漏れる require() を使うときにはややうるさいです。

```
$ node -p 'Math.cos(Math.PI)'                # -p では不要
-1
```

コマンドラインオプションは Node.js ドキュメントの「Command-line API」に掲載されています。

5.5 パッケージの作成

複数のコードを扱う Node.js 開発では、それらファイルをパッケージとしてまとめて管理します。他の開発環境ならプロジェクトと呼ぶ、一連のファイルの集合体と同じものです。特段難しい話ではなく、所定のディレクトリ配下にコードや Restify などの外部ライブラリを置き、管理ファイル package.json を作成するだけです。

Node.js でおもしろいのは、デフォルトでは、外部ライブラリが共用ではなく、開発中のパッケージ（プロジェクト）に固有のものとなることが多いところです。つまり、同じライブラリを使っていても、それぞれのパッケージにライブラリがインストールされるということです。

パッケージを作成するには、まずファイルや外部ライブラリを収容するディレクトリを作成し、そこに移動します。

```
$ mkdir Codes2
$ cd Codes2
```

package.json の生成

パッケージには、それを管理する管理ファイルの package.json が必要です。その名のとおり、中身は JSON テキストファイルです。

このファイルは、Node.js のパッケージマネージャである npm（Node Package Manager）から作成します。サブコマンドは init です。

```
$ npm init -y
Wrote to /mnt/c/Home/Codes2/package.json:

{
  "name": "codes2",
  "version": "1.0.0",
  "description": "",
  "main": "index.js",
  "scripts": {
    "test": "echo \"Error: no test specified\" && exit 1"
  },
  "keywords": [],
  "author": "",
  "license": "ISC"
}
```

-y オプション抜きだと、それぞれのプロパティ値をインタラクティブに入力できるようにプロンプトが現れます。変わったことをするのでなければ、すべてデフォルトのままでかまわないので、-y を付けたほうが簡単です。変更したくなったら、ただの JSON ファイルなので、エディタで編集すればよいだけです。

npm コマンドのマニュアルは、次に示す URL からアクセスできます。

https://docs.npmjs.com/cli/

外部ライブラリの導入

外部ライブラリ（パッケージ）はnpm installから導入します。次の例では、restifyを導入しています。

```
$ npm install restify
npm WARN deprecated formidable@1.2.6: Please upgrade to latest, formidable@v2 or
 formidable@v3! Check these notes: https://bit.ly/2ZEqIau

added 125 packages, and audited 126 packages in 26s

16 packages are looking for funding
  run `npm fund` for details

found 0 vulnerabilities
```

npm installはデフォルトで、カレントディレクトリにnode_modulesサブディレクトリを生成し、そこに外部ライブラリをインストールします。./node_modulesはNode.jsのライブラリサーチパスに含まれているので、なにもせずともrequire()がファイルを見つけてくれます。

npmの便利なところは、依存関係にある未取得のライブラリも自動的にインストールしてくれるところです。上記によれば、Restifyを導入することで、依存する他のライブラリが計125個導入されました。確認します。

```
$ ls node_modules/                              # Windowsならdirコマンド
 .bin/                         jsprim/
 .package-lock.json*           lodash/
'@netflix'/                    lru-cache/
 abort-controller/             mime/
 asn1/                         minimalistic-assert/
 assert-plus/                  ms/
 atomic-sleep/                 nan/
 ⋮                             ⋮
 inherits/                     wbuf/
 isarray/                      wrappy/
 jsbn/                         yallist/
 json-schema/
```

npm installはまた、このパッケージがRestifyに依存していることをpackage.jsonに書き込みます。確認します。

```
$ cat package.json                        # Windowsならtype
{
  "name": "codes2",
  "version": "1.0.0",
  "description": "",
  "main": "index.js",
  "scripts": {
    "test": "echo \"Error: no test specified\" && exit 1"
  },
  "keywords": [],
  "author": "",
  "license": "ISC",
  "dependencies": {                       # ここが追加箇所
    "restify": "^11.1.0"
  }
}
```

このようにパッケージを管理することで、第3者が使うときに必要な外部パッケージも含めて再構築ができるようになります。

■ 本書で使用するパッケージの導入

本書で利用するサードパーティパッケージはRestify、RestifyのHTTPクライアント、MongoDB Node.js Driver、jsonwebtokenの4点です。一気にインストールするなら、次を実行してください。

```
npm install restify
npm install restify-client
npm install mongodb
npm install jsonwebtoken
```

5.6 モジュールの読み込み

Node.jsモジュールの読み込みには、`require()`を使います。このとき、モジュール名の前に`node:`を付けます。次にファイルシステムモジュール（`fs`）の例を示します。

```
> const fs = require('node:fs')
```

このnode:はURLのプロトコル部分（https://...と同じ）で、同名のサードパーティモジュールと区別をするためのものです。なくても問題はありませんが、あると見やすいです。詳細は、Node.jsドキュメントの「Modules:ECMAScript modules」セクションを参照してください。

require()の出力は分割代入できます。たとえば、ファイルシステムモジュールのfs.readFileSync()だけを使用したいなら、次のように書けます。

```
> const {readFileSync} = require('node:fs')
```

以降、readFileSync()だけでメソッドを呼び出せます。

第6章 Restify

本章では、Restifyの概要、導入手順、ドキュメントの読み方を説明します。また、第I部では深くは説明しなかった、`Server.pre()`、`use()`、`get()`などによるプラグインや処理関数の処理順序も説明します。

Node.jsの概要、導入方法、ドキュメントの読み方、基本的な用法については第5章を参照してください。

6.1 概要

Restifyは、RESTサーバ構築に特化したNode.jsのフレームワークです。ホームページは次のURLです。

http://restify.com/

Webサーバのフレームワークといえば Expressが標準的ですが、汎用的なぶんだけオーバーヘッドが多いという欠点もあります。その点、機能を絞った Restifyは高速です。また、JSONテキストとJavsScriptオブジェクトを半ば自動的に相互変換してくれるような機能もあり、RESTサーバを短く、手早く実装できます。

Restifyのデザインは Expressと似ているので、経験者ならスムーズに移行できるでしょう。

6.2 導入

npmからインストールします。

```
$ npm install restify
```

本書執筆現在のバージョンは11.2で、その時点で最新のNode.js 20.xに対応しています。各バージョンのリリースノートはGithubに掲載されているので、細かいところはそちらを参照してください。

https://github.com/restify/node-restify/releases

コードで使用するときは require から読み込みます。エラーレスポンス用のクラス（ステータスコード 500 の InternalServerError() など）は別のモジュールになっているので、別途読み込みます。

```
const restify = require('restify');
const errors = require('restify-errors');
```

Restify にはクライアント用モジュールも別途用意されています（4.5 節）。パッケージとしては別なので、別途インストールします。

```
$ npm install restify-client
```


もちろん、require も別途行います。

```
const client = require('restify-client');
```

6.3 ドキュメント

Restify 関連の情報は 3 か所に分かれています。

- Restify の API（メインのサイト）
- Restify のソース（Github）
- npm

普通に参照するのは、リスト最初のメインのサイトです。簡単な使いかた（Quick Start）や API の仕様はここから調べます。ただし、引数の意味などでは、十分に記述されていないところもあります。ドキュメントでは不明なところはソースを読まないとわからないので、Github にはしばしばお世話になります。バグレポートやその修正状況なども Github に掲載されています。npm のページはそれほど重要ではありませんが、前記 2 か所にはない情報も少しはあります。

API ドキュメントには、メインサイトトップページ上端の［Docs］ボタンからアクセスします。

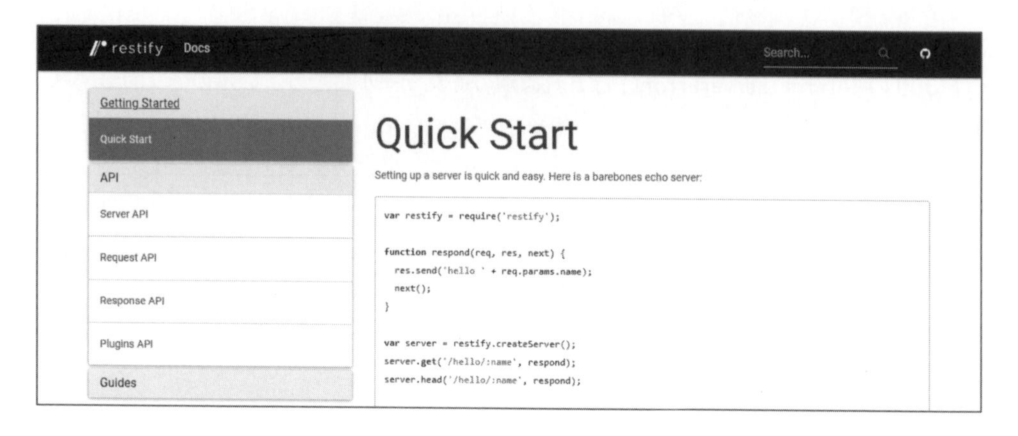

次の URL から直接アクセスしてもよいでしょう。

```
http://restify.com/docs/home/
```

左側にインタラクティブなメニューがあります。「Getting Started > Quick Start」を見れば、とりあえず動作させるのに必要な情報とサンプルコードが入手できます。

「API」では、`Server`、`Request`、`Response` という HTTP 操作に必須のクラスが説明されています。これらはオリジナル Node.js の `http.Server`、`http.IncomingMessage`、`http.ServerResponse` クラスの拡張であり、ドキュメントはそれらについての知識を前提に書かれています。やや不親切なところは、Node.js ネイティブのクラスを参照します。これらクラスの用法は第 7 章に示しました。

「API > Plugins API」には `Server.pre()` と `Server.use()` から利用するプラグイン（ミドルウェア）の説明があります。これらは Restify 独自のものです。

「404 Not Found」などのエラーレスポンスを返すクラスは「API > Server API」に記載されています。

API ドキュメントで説明不足なところはソースコードに頼ります。Restify のソースは次の URL に示す Github に置かれています。

```
https://github.com/restify/node-restify
```

敷居が高そうに聞こえますが、慣れるととても便利です。

6.4 ハンドラチェーン

Restifyは、HTTPリクエストを数珠つなぎに処理していきます。Unixシェルで|を連結していくパイプライン処理と同じ塩梅です。

モジュールはミドルウェア、プラグイン、ハンドラなどコンテクストによっていろいろな呼び名で呼ばれます。いずれもパイプラインの前段から入力を受けて、後段に出力する処理関数という意味では同じ動作をします。これらモジュールの連携をチェーンといいます。

ハンドラチェーンの様子を次の図に示します。いずれのステップでも、複数の関数が設定されていれば、セットされた順に処理されます。たとえば、`Server.pre(`関数1`); Server.pre(`関数2`);`のように2回`pre()`が呼び出されれば、関数1 > 関数2の順に処理されます。

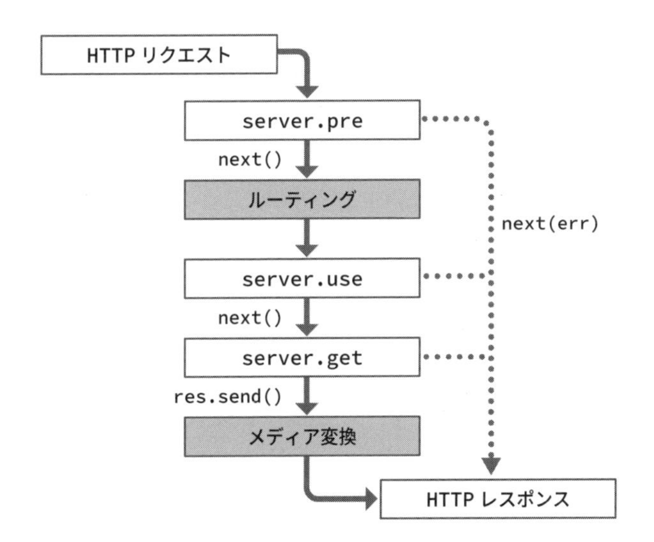

HTTPリクエストは、最初に`Server.pre()`でセットされたプラグインで処理されます。処理が終われば、`next()`で次のステップに進みます。`next()`の引数にエラーオブジェクトが指定されていれば、チェーン処理は中断され、そのままHTTPレスポンスが送信されます。

続いてルーティングが発生し、`Server.get()`などで指定された処理関数のどれを用いるか決定されます。ただし、その処理関数を実際に動作させる前に、`Server.use()`のプラグインが呼び出されます。完了したら`next()`で次に送ることで、`GET`や`POST`などの処理関数が開始されます。

処理関数（ハンドラ）は、`res.send()`あるいは`res.write()`や`res.end()`などを介してHTTPレスポンスをクライアントに返信します。`res.send()`が使われていれば、JavaScriptオブジェクトをJSONテキストに変換するなどのメディア変換が行われます（4.4節）。`res.write()`などの

Node.js ネイティブなメソッドが使われたときはメディア変換は施されません。

ハンドラチェーンでは、要所でイベントが発生します。これらを次に示します。

イベント	チェーン処理
pre	Server.pre() の処理を開始した。
routed	ルーティング（ハンドラ）が決定された。
after	HTTP レスポンスが送信された。
close	サーバが終了した。

ハンドラの動作状況とイベントのタイミングを把握するためのコードを次に示します。

リスト 6.1 ● restify-chain.js

```
1  let restify = require('restify');
2
3  function respond1(req, res, next) {
4    console.log('server get 1');
5    return next();
6  }
7  function respond2(req, res, next) {
8    console.log('server get 2');
9    res.send({
10     message: 'Hello World'
11   });
12   return next();
13 }
14
15 function outer(message) {
16   return function progress(req, res, next) {
17     console.log(message);
18     return next();
19   }
20 }
21
22
23 let server = restify.createServer();
24 server.pre(outer('server.pre1'));
25 server.pre(outer('server.pre2'));
26 server.use(outer('server.use2'));
27 server.use(outer('server.use1'));
28 server.get('/echo/:name', [respond1, respond2]);
29 server.listen(8080);
```

```
30
31 let eventRestify = ['after', 'pre', 'routed', 'close'];
32 let eventHttp = ['connection', 'request'];
33 let eventNet = ['listening'];
34 let events = [...eventRestify, ...eventHttp, ...eventNet];
35 events.forEach(function (evt) {
36   server.on(evt, function() {
37     console.log(`Event ${evt}`);
38   });
39 });
```

メソッドの用法は第I部で説明しているので、ここではサーバを用意し（23行目）、それぞれのハンドラ／プラグインをセットし（24～28行目）、クライアントの待ち受けを開始（29行目）していることだけわかれば結構です。

31～39行目は、サーバオブジェクトに各種イベントを登録しています。Restifyの Server に固有なイベントは31行目のものです。その拡張元である http.Server から受け継いだイベントは32行目です。connection はクライアントがTCP/IP接続を完了したときに、request はリクエストを送信してきたときに、それぞれ上がってくるイベントです。http.Server が net.Server から受け継いだイベントは listening で、これはサーバが待ち受けを開始（29行目）したときに上がってきます。

あとはクライアントからアクセスすれば（http://localhost:8080/echo/xxx）、サーバはそれぞれのタイミングでメッセージをコンソールに出力します。実行結果を次に示します。

```
Event listening          // サーバ、待ち受け開始（29行目）
Event connection         // クライアントのTCP/IP接続完了
Event request            // サーバ、リクエスト受信
Event pre                // preチェーン開始
server.pre1              // pre1（24行目）実行中
server.pre2              // pre2（25行目）実行中
Event routed             // ルーティング完了
server.use2              // use2（26行目）実行中
server.use1              // use1（27行目）実行中
server get 1             // getのrespond1（28行目）実行中
server get 2             // getのrespond2（28行目）実行中
Event after              // レスポンス送信完了（9～11行目）
```

ハンドラチェーンの遷移は next() から明示的に指定します（5、12、18行目）。なければ処理は先には進みません。

Server.use() で利用可能なプラグインは restify.plugins オブジェクトから調べられます。

```
> const restify = require('restify');
> Object.keys(restify.plugins)
[
  'acceptParser',          'auditLogger',          'authorizationParser',
  'bodyParser',            'bodyReader',           'conditionalHandler',
  'conditionalRequest',    'cpuUsageThrottle',     'dateParser',
  'fullResponse',          'gzipResponse',         'inflightRequestThrottle',
  'jsonBodyParser',        'jsonp',                'multipartBodyParser',
  'oauth2TokenParser',     'queryParser',          'metrics',
  'requestExpiry',         'requestLogger',        'serveStatic',
  'serveStaticFiles',      'throttle',             'urlEncodedBodyParser',
  'pre'
]
```

Server.pre() のプラグインなら restify.plugins.pre からです。

```
> Object.keys(restify.plugins.pre)
[
  'context',               'dedupeSlashes',         'pause',
  'reqIdHeaders',          'sanitizePath',          'strictQueryParams',
  'userAgentConnection'
]
```

第 7 章

Node.js による
サーバ構築

本章では、Node.js による HTTP サーバとクライアントの作成方法を説明します。

Restify での REST サーバ構築では Node.js の標準モジュールを直接的には使用しませんが、内部でそれらのクラスが用いられます。そのため、ある程度は Node.js ネイティブの機能も知っておかなければなりません。

Node.js の概要、導入方法、ドキュメントの読み方、基本的な用法については第 5 章を参照してください。

テスト用の HTTP クライアントには、`curl` を用います。その導入方法や用法は第 9 章を参照してください。

HTTPS サーバには OpenSSL で生成する自己署名証明書を使います。導入方法や生成方法は第 10 章を参照してください。

7.1 HTTP バージョンと Node.js モジュール

現在、HTTP には 1.1、2、3 の 3 つのバージョンがあります。バージョン 0.9 と 1.0 は明示的に無効化されてはいないものの、新しい実装では使用されません。HTTP/3 は 2022 年に標準化されたばかりなため、サポートしているブラウザやライブラリはまだそれほどありません。HTTP/2 の前身である Google の SPDY は HTTP/2 に吸収されたので、現在ではアクティブに使われることはありません。

Node.js は HTTP/1.1 と HTTP/2 に対応しています。

HTTP/1.1 についてはプレーンテキスト版の HTTP、TLS/SSL で TCP を暗号化した HTTPS の 2 つのモジュールがあります。アプリケーションプロトコルとしての HTTP/1.1 には変わりはないので、モジュールを利用するうえでは、暗号用のサーバ証明書のあるなしくらいしか違いはありません。

HTTP/2 のモジュールは HTTP2 です。プレーンテキストで利用できないことはありませんが、TLS/SSL による暗号化は事実上デフォルトになっています。用いられるヘッダやデータの構造は HTTP/1.1 と互換性があるので、HTTP でリクエストやレスポンスを表現するクラスが再利用されます。しかし、アプリケーションプロトコルとしてはまったくの別物です。

HTTP/2 については、次に URL を示す日本ネットワークインフォメーションセンター（JPNIC）の記事が簡潔にまとめています。参考にしてください。

```
https://www.nic.ad.jp/ja/newsletter/No68/0800.html
```

HTTP のバージョンと対応するモジュールを次の表にまとめて示します。

バージョン	暗号化	Node.js モジュール	サーバ構築メソッド	ウェルノウンポート番号
1.1	なし	HTTP	`http.createServer()`	80
1.1	TLS/SSL	HTTPS	`https.createServer()`	443
2	TLS/SSL	HTTP2	`http2.createSecureServer()`	443

現行の HTTP バージョンすべてに共通する仕様は RFC 9110「HTTP Semantics」に記述されているので、ヘッダフィールドやステータスコードなど基本部分はそちらを参照します。それぞれのバージョンに固有なトピックについては、HTTP/1.1 は RFC 9112 を、HTTP/2 は RFC 9113 をそれぞれ参照します。

7.2 HTTP サーバ

■ 目的

シンプルな HTTP サーバの実装を通じて、サーバ関連のクラスやイベントを説明します。

このサーバは、localhost（127.0.0.1）の 8080 番ポートでクライアントを待ち受けます。リクエストを受信したら、HTTP メソッド、ターゲット URL、リクエストヘッダ、そして送信されてきたデータをコンソールに出力します。

HTTP メソッドがなんであっても、次の JSON テキストを無条件に返します。

```
{"message": "Welcome to Node.js server"}
```

JSON テキストなので、レスポンスヘッダには Content-Type: application/json を示します。

サーバは Ctrl-C で停止します。このとき、コンソールにその旨を出力します。

HTTP/1.1 固有の仕様は「RFC 9112: HTTP/1.1」に記述されています。

```
https://www.rfc-editor.org/info/rfc9112
```

■ スクリプト

シンプルな HTTP サーバのスクリプトを次に示します。

リスト 7.1 ● node-http.js

```
1  const http = require('node:http');
2
3
4  let server = http.createServer();
5  server.listen(8080, '127.0.0.1');
6
7
8  server.on('listening', function() {
9    console.log('Server started: Listening on ', server.address());
10 });
11
12
13 server.on('request', function(req, res) {
14   console.log(`Request received: ${req.method}, ${req.url}`);
15   for (let [key, val] of Object.entries(req.headers)) {
16     console.log(`Header: ${key}: ${val}`)
```

```
17      }
18
19      let chunks = '';
20      req.setEncoding('utf8');
21      req.on('data', function(chunk) {
22        chunks += chunk;
23      });
24      req.on('end', function() {
25        console.log(`Body: ${chunks}`);
26      });
27
28      let bodyObj = {
29        message: 'Welcome to Node.js server.'
30      }
31      let bodyJson = JSON.stringify(bodyObj);
32      res.writeHead(200, {
33        'Content-Type': 'application/json',
34        'Content-Length': bodyJson.length,
35        'Server': 'Node.js server'
36      });
37      res.write(bodyJson);
38      res.end();                          // 必須!!
39    });
40
41
42    process.on('SIGINT', function() {
43      console.log('Server terminated.');
44      server.close();
45    });
```

■ 実行例

スクリプトはコンソールから実行します。

```
$ node node-http.js
Server started: Listening on  { address: '127.0.0.1', family: 'IPv4', port: 8080 }
```

サーバは起動すると、指定のアドレス・ポート番号のソケットで待ち受けを開始します。スクリプトはそのタイミングで上記のメッセージを表示します（コード 9 行目）。

80 や 443 など、低いほうのポート番号を使うには、Unix 系では root 権限が必要です。sudo を前に加えて実行してください。

```
$ sudo node node-http.js
```

Windows では、次のようにファイアウォールから警告が上がってきます。「プライベート ネットワーク」での通信を許可します。

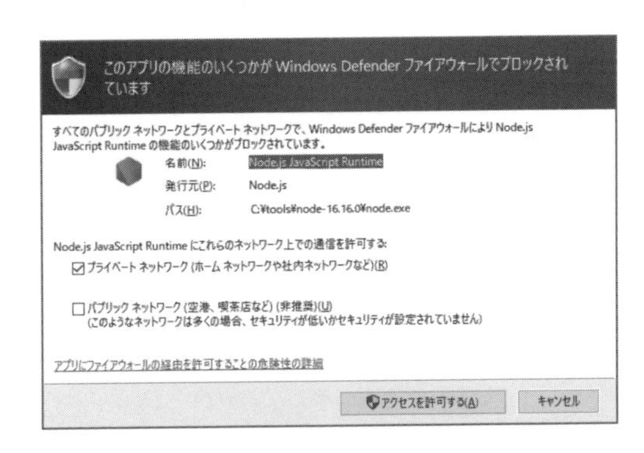

許可は、Windows Defender ファイアウォールの設定から解除できます。

クライアントからアクセスします。

```
$ curl -i localhost:8080
HTTP/1.1 200 OK
Content-type: application/json
Content-length: 40
Server: Node.js server
Date: Sun, 03 Dec 2023 22:22:22 GMT
Connection: keep-alive
Keep-Alive: timeout=5

{
  "message": "Welcome to Node.js server."
}
```

クライアントがアクセスしてくると、サーバは次のようにリクエストの詳細をコンソールに出力します（コード 14、16、25 行目）。

```
Request received: GET, /
Header: host: localhost:8080
```

```
Header: user-agent: curl/7.81.0
Header: accept: */*
Body:
```

本用例ではクライアントがメッセージを送ってきてないので、リクエストメッセージボディを出力する最後の行は空文字です。

続いて、PUT データの送信を試します。データは JSON テキスト {"message": "hello"} です。

```
$ curl -i localhost:8080 -X PUT -d '{"message": "hello"}' \
  -H 'Content-Type: application/json'
 ⋮
```

クライアント側の出力（レスポンス）は前記と同じなので省きます。サーバ側の出力は次のとおりです。

```
Request received: PUT, /                    // -Xで指定したメソッド
Header: host: localhost:8080
Header: user-agent: curl/8.4.0
Header: accept: */*
Header: content-type: application/json      // -Hで指定したリクエストヘッダ
Header: content-length: 20
Body: {"message": "hello"}                  // 送信データ
```

HTTP モジュール

HTTP アプリケーションを構築するには、HTTP モジュールを使います（1 行目）。

```
1  const http = require('node:http');
```

サーバオブジェクトの生成

HTTP サーバは http.createServer() メソッドを呼び出すことで生成します（4 行目）。メソッドは http.Server オブジェクトを返します。これは restify.Server の親クラスです。

```
4  let server = http.createServer();
```

引数はオプションとコールバック関数ですが、どちらも任意です。オプションはタイムアウト時間や最大ヘッダサイズなどソケットに関わる設定がほとんどで、通常の利用方法では必要ありません。コールバック関数にはクライアントリクエストが届いたときに呼び出される関数を指定しますが、あとから request イベントで処理をするので、ここでは利用しません。

サーバを生成したら、ポート番号を指定してクライアントを待ち受けます（5 行目）。

```
5 server.listen(8080, '127.0.0.1');
```

このメソッドは汎用 TCP サーバ用の net.Server.listen() と同じものです。引数はすべてオプションで、ポート番号（port）、IP アドレス（host）などが指定できます。ポート番号を省くと、その時点で未使用のポート番号が用いられます。IP アドレスを省くと、IPv6 の不定アドレス :: が用いられます。IPv6 が利用できなければ、IPv4 の 0.0.0.0 にフォールバックします。たいていの OS なら、:: で待ち受ければ IPv4 の 0.0.0.0 でも待ち受けるようになっています。

サーバが待ち受けを開始すれば、http.Server オブジェクトに listening イベントが上がってきます。本スクリプトでは、そのタイミングで http.Server.address() メソッドから待ち受けているアドレス、IP バージョン、ポート番号を表示しています（8 ～ 10 行目）。

```
8 server.on('listening', function() {
9   console.log('Server started: Listening on ', server.address());
10 });
```

request イベント

4 ～ 10 行目だけでも、HTTP サーバは正常に動作します。ただ、どんなレスポンスを返すかといった処理内容が規定されていなければ、なにもしません。13 ～ 39 行目は、クライアントリクエストの受信を通知する request イベントの処理関数（コールバック関数）を定義しています。

```
13 server.on('request', function(req, res) {
   ⋮
39 });
```

request イベントのコールバック関数には req と res の 2 つのオブジェクトが引き渡されます。これらは http.IncomingMessage と http.ServerResponse のインスタンスで、それぞれ HTTP のリクエストとレスポンスを表現します。Node.js には、これらをなんの前ぶりもなく req と res とだけ書く習慣があります。Restify でさらっと (req, res) と書いているのはこれらオブジェクトのことです。

http.Server には、これ以外にもいくつかのイベントが用意されています。拡張元の net.Server のイベントも利用できます。代表的なものを次に示します。中央列はコールバック関数の引数です。

イベント	引数	意味
clientError	(Error, stream.Duplex)	クライアントにエラーが発生した。
close	()	サーバソケットが閉じられた。
connecttion	(stream.Duplex)	クライアントとの間の TCP コネクションが設立された。
error	(Error)	エラーが発生した。
listening	()	サーバがポートで待ち受けを開始した。
request	(http.IncomingMessage, http.ServerResponse)	クライアントリクエストを受信した。

クライアントリクエスト

クライアントリクエストを表現する http.IncomingMessage にはいろいろなプロパティがあります。以下に、代表的なものを示します。

プロパティ	意味
http.IncomingMessage.headers	リクエストヘッダをオブジェクトの形で示す。キーとなるフィールド名は小文字化される（仕様では大文字小文字は問わない）。
http.IncomingMessage.httpVersion	HTTP のバージョン（1.1 など）を文字列で示す。
http.IncomingMessage.method	指定された HTTP メソッドを、GET など大文字の文字列で示す。
http.IncomingMessage.url	リクエストされた URL パス。HTTP のリクエスト行に現れるもので、クライアントが指定したフル URL ではないところに注意（たいていはパス部分だけ）。

http.IncomingMessage は stream.Readable の拡張なので、それに備わるプロパティも参照できます。

14 ～ 17 行目は、これらプロパティの一部をコンソールに表示しています。

```
14    console.log(`Request received: ${req.method}, ${req.url}`);
15    for (let [key, val] of Object.entries(req.headers)) {
16      console.log(`Header: ${key}: ${val}`)
17    }
```

クライアントボディの読み取り

クライアントボディを読み取るには、親クラスのstream.Readableと同じステップを踏みます。具体的には、dataイベントで上がってくるデータの断片（チャンク）を逐次的に読み、endイベントでデータ受信の終了を検知したタイミングで断片をまとめます。断片単位なのは、IPネットワークがデータをパケット単位で送信しているからです。始めから終わりまでをまとめて引き渡してくれるわけではないところに注意してください。

これをやっているのが19～26行目です。

```
19  let chunks = '';
20  req.setEncoding('utf8');
21  req.on('data', function(chunk) {
22    chunks += chunk;
23  });
24  req.on('end', function() {
25    console.log(`Body: ${chunks}`);
26  });
```

イベントを受けるのがreq（http.IncomingMessageつまりstream.Readable）オブジェクトである点がポイントです（21、24行目）。

stream.Readableのdataイベントのコールバック関数（21行目）は引数にデータ断片を取りますが、デフォルトではこれはバイトバッファ（node:buffer）です。テキストとして読むには、reqの文字エンコーディングをsetEncoding()メソッドから指定しなければなりません（20行目）。

dataイベントのコールバック関数では、あらかじめ用意したカラの変数（19行目）に受信データを追加していきます（22行目）。そして、endイベントが知らせてくれるデータ終了の時点（24行目）で全体を処理します。

HTMLボディの文字エンコーディング

JSONテキストでは、文字エンコーディングにはUTF-8を使うように規定されています（RFC 8259の8.1節）。JSONではないとしても、テキストベースのメッセージボディにUTF-8以外が使われることは、昨今ではそうありません。しかし、クライアントがUTF-8以外を送ってくることもないわけではなく、そのときは文字化けします。

文字化けを避けるには、Content-Type: ...; charset=リクエストヘッダから文字エンコーディングを取得します。しかし、Node.jsがネイティブでサポートしているのはutf8、utf16le、latin1だけです（Bufferドキュメントの「Buffers and character encodings」参照）。それ以外はそのままでは対応できないので、iconv などの他言語対応パッケージを利用します。

適切に読み取れないデータは不正であるとして、400 番台のエラーレスポンスを返すのも手です。

■ サーバレスポンス

サーバからクライアントへの応答は、request イベントで受け取った http.ServerResponse オブジェクトから用意します。これをやっているのが、32 ～ 28 行目です。

JSON テキストを返すことにしているので、オブジェクトとして用意した応答データは、JSON.stringify() からテキストにシリアライズします（28 ～ 31 行目）。

```
28  let bodyObj = {
29    message: 'Welcome to Node.js server.'
30  }
31  let bodyJson = JSON.stringify(bodyObj);
```

レスポンスヘッダは http.ServerResponse.writeHeader() から書き込みます（32 ～ 36 行目）。

```
32  res.writeHead(200, {
33    'Content-type': 'application/json',
34    'Content-length': bodyJson.length,
35    'Server': 'Node.js server'
36  });
```

第 1 引数にはレスポンスステータスコード（整数値）を、第 2 引数にはオプションのヘッダオブジェクトをそれぞれ指定します。デフォルトで Date など必須なヘッダフィールドは用意されているので、とくに加えるものがなければ未指定でかまいません。既存のフィールドをセットすると、値は上書きされます。このメソッドそのものを呼ばないときは、ステータスコードもデフォルトの 200 にフォールバックします。

参考までにデフォルトで返信されるヘッダを次に示します。

```
HTTP/1.1 200 OK
Date: Mon, 04 Dec 2023 01:49:34 GMT
Connection: keep-alive
Keep-Alive: timeout=5
Transfer-Encoding: chunked
```

同じことは http.ServerResponse.setHeader() と http.ServerResponse.statusCode からもできます。前者はヘッダを 1 つずつ指定します。後者のプロパティにはステータスコードを直に代入します（整数値）。

ヘッダが用意できたら、ボディを書き込みます。これには http.ServerResponse.write() を使います（37 行目）。

```
37    res.write(bodyJson);
```

res.write() は何回呼び出してもかまいません。デフォルトの Transfer-Encoding レスポンスヘッダが chunked になっているので、断片（チャンク）単位で送信されます。

引数の文字列データは、デフォルトでは UTF-8 として解釈されます。エンコーディングを変更するには、オプションの第 2 引数の encoding から指定します。たとえば、次のように書きます。

```
37    res.write(bodyJson, encoding='latin1');
```

ヘッダとボディが送信されたら、送信完了を明示的にサーバに示します。これが 38 行目の http.ServerResponse.end() メソッドです。

```
38    res.end();                              // 必須!!
```

この操作は必須です。ないと、クライアントとのセッションは宙ぶらりんのままになってしまいます。

ここでは指定はしていませんが、引数には最後に送信するデータを記述することもできます。逆にいえば、ひとかたまりのデータを 1 回だけしか送らないのであれば、res.write() を省いて res.end() だけにしてもかまいません。

■ サーバの終了

サーバを終了するには、Ctrl-C から終了シグナル（INT）を送信します。サーバの process オブジェクトに上がってきた SIGINT イベントを処理しているのが、42 ～ 45 行目です。

```
42 process.on('SIGINT', function() {
43   console.log('Server terminated.');
44   server.close();
45 });
```

processオブジェクトはそれだけで1つのモジュールですが、require()から明示的に読み込まなくても利用できます。

processに上がってくるイベントはいろいろありますが、シグナルにかぎれば、SIGINTやSIGHUPなどのUnixシグナルにはすべて対応しています。

本書では、この終了処理を通じて、メモリに蓄えていたデータをファイルに書き出したり、データベースとの通信を正常に閉じたりしています。

7.3 HTTPSサーバ

目的

シンプルなHTTPSサーバを実装します。

本章冒頭で述べたように、プレーンテキストなHTTPと暗号化されたHTTPSとでアプリケーション層プロトコルそのものに変わりはありません。したがって、APIの用法も同じです。クライアントリクエストはやはりhttp.IncomingMessageで表現されますし、サーバレスポンスはhttp.ServerResponseオブジェクトです。違いはサーバ生成のhttps.createServer()くらいで、暗号化（TLS/SSL）で必要なサーバ証明書の指定が加わります。

サーバ証明書は通常、第3者がその身元を保証するものですが、ここでは学習用ということで自己署名証明書を使います。自身が自身であることを証する怪しい代物なため、「オレオレ証明書」と呼ばれて愛されています。OpenSSLを用いた作成方法は第10章に示しました。ここで用いる秘密鍵と証明書のファイルは、コードの置かれたディレクトリのcertsサブディレクトに収容してあります。秘密鍵生成時に用いたパスフレーズはprivateです。

スクリプト

シンプルなHTTPSサーバのスクリプトを次に示します。

リスト7.2 ● node-https.js

```
1 const { readFileSync } = require('node:fs');
2 const { join } = require('node:path');
3 const https = require('node:https');
4
5
6 let cert = readFileSync(join(__dirname, './certs/ServerCertificate.crt'));
7 let key = readFileSync(join(__dirname, './certs/ServerPrivate.key'));
```

```
8
9  let options = {
10   cert: cert,
11   key: key,
12   passphrase: 'private'
13 }
14
15 let bodyJson = '{"message": "Welcome to Node.js https server."}';
16
17 let server = https.createServer(options, function(req, res) {
18   res.writeHead(200);
19   res.write(bodyJson);
20   res.end();                                // 必須!!
21 });
22 server.listen(8443);
23 server.on('listening', () => console.log(server.address()));
```


HTTP版と比べるとかなり短くなっていますが、リクエストボディの解析やレスポンスヘッダの設定を省いて、骨格だけにしているからです。レスポンスボディも、じかにJSONテキストで記述しています（15行目）。

実行例

起動すると、http.Server.address()が出力するIPアドレス、アドレスファミリ、ポート番号のオブジェクトが表示されます（23行目）。

```
$ node node-https.js
{ address: '::', family: 'IPv6', port: 8443 }
```

22行目のhttps.Server.listen()はポート番号しか指定していないので、アドレスはデフォルトの::（IPv6の不定アドレス）です。バインドするアドレスが不定なときは、自機のインタフェースに付与されたすべてのアドレスで待ち受けます。ポート番号の8443番は、HTTPSの正式な443番のプライベート版としてよく用いられる番号です。

クライアントからアクセスします。

```
$ curl -ik https://localhost:8443/
HTTP/1.1 200 OK
```

```
Date: Mon, 04 Dec 2023 04:00:54 GMT
Connection: keep-alive
Keep-Alive: timeout=5
Transfer-Encoding: chunked

{
  "message": "Welcome to Node.js https server."
}
```

証明書の確認をスキップする -k が指定されていなければ、もともとが怪しい自己署名証明書へのアクセスは拒否されます。

```
$ curl -i https://localhost:8443/
curl: (60) SSL certificate problem: self-signed certificate
More details here: https://curl.se/docs/sslcerts.html

curl failed to verify the legitimacy of the server and therefore could not
establish a secure connection to it. To learn more about this situation and
how to fix it, please visit the web page mentioned above.
```

curl の -k オプションは、ブラウザならば、セキュリティ上の懸念があるという警告文と「安全ではない」というダメ押しを無視することに相当します。Chrome の例を次に示します。

■ HTTPSモジュール

HTTPSアプリケーションを構築するには、HTTPSモジュールを使います（3行目）。

```
3 const https = require('node:https');
```

このモジュールにはTLS/SSLを用いたサーバを表現するhttps.Serverクラスが用意されています。HTTPSとHTTPはトランスポート層レベルが異なるだけで、アプリケーション層はまったく同じなので、リクエストやレスポンスはHTTPのクラスがそのまま使われます。

■ サーバオブジェクトの生成

HTTPSサーバの生成にはhttps.createServer()を使います。メソッド名はHTTP版と同じで、用法も同じです。

まったく同じでは芸がないので、ここではrequestイベントのコールバック関数を第2引数から直接指定しています（17行目）。コールバック関数の中身はヘッダを追加していないところを除けば、前節と変わりはありません。

```
17 let server = https.createServer(options, function(req, res) {
18   res.writeHead(200);
19   res.write(bodyJson);
20   res.end();                              // 必須!!
21 });
22 server.listen(8443);
```

違いは第1引数から指定しているオプションで、ここに証明書などTLS/SSL関係のデータを指定します（9～13行目）。

```
 9 let options = {
10   cert: cert,
11   key: key,
12   passphrase: 'private'
13 }
```

オプションに指定するプロパティの主要なものを次に示します。

プロパティ	説明
cert	サーバ証明書（certificate）。データ形式は PEM。
cipher	TLS/SSL で利用する鍵交換方法、暗号化アルゴリズム、ハッシュアルゴリズムなどをひとつにまとめた暗号スイート（cipher suites）。複数指定のときはコロン : で区切る。デフォルト値は crypto.constants.defaultCoreCipherList から調べられる。
crl	証明書失効リスト（Certificate Revocation List）。
key	サーバ秘密鍵（private key）。データ形式は PEM。
minVersion	利用できる最小の TLS バージョン番号。TLSv1.3、TLSv1.2、TLSv1.1、TLSv1 の中から選択。デフォルトは TLSv1.3。
passphrase	サーバ秘密鍵を作成したときのパスフレーズ。

https.Server は tls.Server の拡張なので、TLS モジュールの tls.createServer() や tls.createSecureContext() と同じオプションを共有しています。詳細はそちらのドキュメントを参照してください。

ここでは、OpenSSL で生成した自己署名証明書 cert、その秘密鍵 key、秘密鍵の生成で指定したパスフレーズ passPhrase を指定しています。

通信で実際に用いられる TLS バージョン番号と暗号スイートは TLS/SSL 開始時に、クライアントとサーバの間の調整（Hello）から決定されます。利用可能な暗号スイートは Node.js に組み込まれた OpenSSL によって異なります。

OpenSSL のバージョンは process.versions.openssl プロパティから確認できます。

```
> process.versions.openssl                    // Node 20.9.0 Linux (WSL)
'3.0.10+quic'
> process.versions.openssl                    // Node 16.16.0 Windows
'1.1.1q+quic'
```

7.4 HTTP/2 サーバ

■ 目的

シンプルな HTTP/2 サーバの実装を通じて、サーバ関連のクラスやイベントを説明します。

HTTP/2 は暗号化（TLS/SSL）して使用するのが普通なので、サーバの設定は前節の HTTPS と変わりません。待ち受けポートも HTTP/1.1 と同じ 8443 を使います。サーバ証明書も前節と同じものを使います。

HTTP/2 固有の仕様は「RFC 9113: HTTP/2」に記述されています。

https://www.rfc-editor.org/info/rfc9113

■ スクリプト

シンプルな HTTP/2 サーバのスクリプトを次に示します。

リスト 7.3 ● node-http2.js

```
const { readFileSync } = require('node:fs');
const { join } = require('node:path');
const http2 = require('node:http2');

let options = {
  cert: readFileSync(join(__dirname, './certs/ServerCertificate.crt')),
  key: readFileSync(join(__dirname, './certs/ServerPrivate.key')),
  passphrase: 'private'
};


let server = http2.createSecureServer(options);
server.listen(8443);

server.on('listening', function() {
  console.log('Server started: Listening on ', server.address());
});

server.on('connection', function(sock) {
  console.log('TCP connection opened.');
});

server.on('stream', function(stream, headers) {
  console.log('Received headers: ', headers);

  stream.on('close', function(err){
    console.log('Stream closed.');
  });

  stream.on('data', function(chunk) {
    console.log(`Received ${chunk}`);
  });

```

```
34   stream.respond({
35     ':status': 200,
36     'Content-type': 'application/json'
37   });
38   stream.end('{"message": "From HTTP/2 server."');
39 });
40
41
42 process.on('SIGINT', function() {
43   console.log('Server terminated.');
44   server.close();
45 });
```

スクリプトの構造も HTTPS と変わりません。違うのは、23 行目の server.on() で待ち受けるイベントが request ではなく、stream であるところです。

実行例

起動すると、これまで同様にソケットの情報が表示されます。HTTPS のものと同じです。

```
$ node node-http2.js
Server started: Listening on  { address: '::', family: 'IPv6', port: 8443 }
```

アクセス方法も HTTPS のときと同じで、レスポンスも HTTP/2 を示していることを除けば同じです。

```
$ curl -ik https://localhost:8443/
HTTP/2 200                                    // 注目!
content-type: application/json
date: Wed, 06 Dec 2023 03:20:37 GMT

{
  "message": "From HTTP/2 server."
}
```

アクセスがあると、HTTP/2 サーバはリクエストヘッダをコンソールに出力します（コード 24 行目）。

```
Received headers:  [Object: null prototype] {
  ':method': 'GET',
  ':path': '/',
  ':scheme': 'https',
  ':authority': 'localhost:8443',
  'user-agent': 'curl/7.81.0',
  accept: '*/*',
  [Symbol(nodejs.http2.sensitiveHeaders)]: []
}
```

:method のようにコロン : で始まるヘッダフィールドがありますが、これらは「疑似ヘッダ」と呼ばれるもので、HTTP/1.1 ならばリクエスト先頭の行に書かれる HTTP メソッド（これは HTTP/1.1 と共通）、ターゲット URL などを示します。同様に、レスポンス用の疑似ヘッダもあります。次の表に、RFC 9113 の 8.3 節で定義されている疑似ヘッダを示します。

ヘッダフィールド	方向	意味
:method	リクエスト	HTTP メソッド。GET や POST など。
:scheme	リクエスト	URL 先頭のスキーム（プロトコル）部分。https など。
:authority	リクエスト	URL の権限元（URL からプロトコル、ユーザ情報を抜いた、ドメイン名とポート番号からなる部分）。
:path	リクエスト	URL のパス部分（クエリ文字列があればそれも含む）。
:status	レスポンス	ステータスコード。200 など。

クライアントがデータを送ってきていれば（POST や PUT）、ヘッダのあとにデータも表示されます（31 行目）。

```
  ⋮
Received hello world
```

サーバオブジェクトの生成

読み込むモジュールは http2 です（3 行目）。

```
2  const http2 = require('node:http2');
```

サーバ生成は http2.createSecureServer() です（12 行目）。わざわざ Secure（暗号化）が間に

入っているのは、暗号化なし版の http2.createServer() もあるからです。HTTP/2 の仕様自体は暗号化を必須としていないので API があるのはわかりますが、「暗号化なしで HTTP/2 を使うブラウザは存在しない」とドキュメントが述べているように、これを使うのは試験的あるいは実験的な実装だけです。

```
12 let server = http2.createSecureServer(options);
13 server.listen(8443);
```

用法は HTTPS と同じで、オプション引数からサーバ証明書などをセットします（5～9行目のオブジェクト）。

```
5 let options = {
6   cert: readFileSync(join(__dirname, './certs/ServerCertificate.crt')),
7   key: readFileSync(join(__dirname, './certs/ServerPrivate.key')),
8   passphrase: 'private'
9 };
```

http2.createSecureServer() は http2.Http2SecureServer オブジェクトを返します。https.Server とかなり似ていますが（実際、同じように tls.Server の拡張です）、HTTP/2 に対応するためにいろいろな機能が追加されています。

■ stream イベント

HTTP/2 で HTTP/1.1 とおおきく違うのは、クライアントとサーバのデータのやりとりに「ストリーム」という双方向性のデータチャネルを開くところです。両者はこのストリームを介してリクエストとレスポンスを交換します。

サーバオブジェクトは、クライアントからの TCP コネクションが開かれると connection イベントを発します（18～20行目）。そして、その TCP コネクション上でデータチャネルのストリームが設立されると、stream イベントが上がってきます（23行目）。

```
23 server.on('stream', function(stream, headers) {
```

コールバック関数に引き渡されるのは、ストリームを表現する http2.Http2Stream オブジェクト（引数では stream）と HTTP/2 ヘッダのオブジェクトです（headers）。ヘッダオブジェクトについては実行例で見たとおりです（24行目で出力）。

```
24    console.log('Received headers: ', headers);
```

ストリームにデータが送られてくれば、オブジェクトに data イベントが上がってきます（30～32 行目)。

```
30    stream.on('data', function(chunk) {
31      console.log(`Received ${chunk}`);
32    });
```

http2.Http2Stream は stream.Duplex を拡張したものなので、塩梅は stream.Readable を拡張した http.IncomingMessage とほぼ同じです。断片単位で受け取るので、全体をまとめて扱うには HTTP サーバのように end イベントを待つ必要がありますが、ここでは断片単位で表示してます。

クライアントにデータを送るには、http2.Http2Stream.respond() メソッドを使います（34～37 行目)。HTTP の http.ServerResponse.writeHeader() と同じ要領です。ただし、ステータスコードを返すには、前述の疑似ヘッダ形式で書かなければなりません（34 行目)。

```
34    stream.respond({
35      ':status': 200,
36      'Content-type': 'application/json'
37    });
```

最後に end() メソッドでデータの終了を告げます。HTTP ではデータを送るのに http.ServerResponse.write() を使いましたが、end() でも、引数に最後のデータを指定することができます。

```
38    stream.end('{"message": "From HTTP/2 server."}');
```

http2.Http2Stream オブジェクトには、これら以外にもいろいろなイベントが用意されています。ここでは TCP 接続が確立されたときの connection（19 行目）と閉じたときの close（26 行目）の処理をしています。これ以外のイベントについてはドキュメントを参照してください。

7.5 HTTP クライアント

目的

HTTP/HTTPS モジュールのクライアント関連のクラスやメソッドを紹介します。例題として、curl -i <url> と同じように、ステータスラインとレスポンスヘッダも含んで出力するクライアントを実装します。

クライアントでも、トランスポート層プロトコルに応じて用いるモジュールが異なります。1 本のスクリプトで http:// と https:// のどちらにも対応できるようにするには、スキームからモジュールを切り替える仕組みを組み込まなければなりません。

コード

HTTP/HTTPS 対応のクライアントスクリプトを次に示します。

リスト 7.4 ● node-client.js

```
1  const module_url = require('node:url');
2
3
4  const choices = {
5    'http:':  {
6      module: require('node:http'),
7      options: {}
8    },
9    'https:': {
10     module: require('node:https'),
11     options: {
12       rejectUnauthorized: false
13     }
14   }
15 }
16
17
18 let url = new module_url.URL(process.argv[2]);
19 let http = choices[url.protocol].module;
20 let options = choices[url.protocol].options;
21
22 let req = http.request(url, options, function(res) {
23   console.log(`HTTP/${res.httpVersion} ${res.statusCode} ${res.statusMessage}`);
```

```
24   for(let head in res.headers) {
25     console.log(`${head}: ${res.headers[head]}`);
26   }
27   console.log('');
28
29   res.setEncoding('utf8');
30   let text = '';
31   res.on('data', function(chunk) {
32     text += chunk;
33   });
34   res.on('end', function() {
35     console.log(text);
36   });
37 });
38
39 req.on('error', function(err) {
40   console.log(`ClientRequest: Error received: ${err.toString()}`);
41 });
42 req.end();
```


■ 実行例

URL はコマンド引数（18 行目の process.argv[2]）から指定します。まずは http: を試します。

```
$ node node-client.js http://www.cutt.co.jp/
HTTP/1.1 200 OK
server: nginx
date: Sun, 21 Jan 2024 03:31:37 GMT
content-type: text/html
content-length: 28855
connection: keep-alive
last-modified: Wed, 17 Jan 2024 01:41:53 GMT
etag: "70b7-60f1a59f41a40"
accept-ranges: bytes

<!DOCTYPE html>
<html lang="ja">
 ⋮
```

今度は、同じドメインでもスキームは https:// です。もっとも、暗号化はトランスポート層の話なので、中身は同じです。

```
$ node node-client.js https://www.cutt.co.jp/
HTTP/1.1 200 OK
server: nginx
date: Sun, 21 Jan 2024 03:33:40 GMT
content-type: text/html
content-length: 28855
connection: keep-alive
last-modified: Wed, 17 Jan 2024 01:41:53 GMT
etag: "70b7-60f1a59f41a40"
accept-ranges: bytes

<!DOCTYPE html>
<html lang="ja">
 ⋮
```

■ HTTP/HTTPSの振り分け

基本構成はHTTPモジュールもHTTPSモジュールも同じで、メソッド名もほぼ共通しているので、URL先頭にあるスキーム名をもとにモジュールを切り替えれば、同じコードを使いまわせます（4～15行目）。

```
 4 const choices = {
 5   'http:':  {
 6     module: require('node:http'),
 7     options: {}
 8   },
 9   'https:': {
10     module: require('node:https'),
11     options: {
12       rejectUnauthorized: false
13     }
14   }
15 }
```

もっとも、TLS/SSL関連のオプションは異なります。12行目で指定している`rejectUnautorized`はサーバーからの証明書が検証できなかったとしても接続を続行するためのオプションで、当然ながら、HTTPでは意味がありません。このオプションはデフォルトで`true`で、

false をセットすることで curl の -k（--insecure）オプションと同じ効果が得られます。

URL 文字列からスキーム名を得るには、URL モジュールを使います（18 行目）。: を区切り文字に string.split() で分解してもかまいませんが、せっかく用意されているのだから、使わないのももったいないです。スキームは protocol プロパティに収容されています（19 ～ 20 行目）。

```
1  const module_url = require('node:url');
   ⋮
18 let url = new module_url.URL(process.argv[2]);
19 let http = choices[url.protocol].module;
20 let options = choices[url.protocol].options;
```

URL.protocol が返す文字列にはコロン : も含まれています。つまり、http ではなく http: です。5 行目と 9 行目でわざわざコロン入りのプロパティ名を使っているのはそのためです。

インタラクティブモードから確認します。

```
> const url = require('node:url')
undefined
> new url.URL('https://www.cutt.co.jp').protocol
'https:'                                    // コロン付き
```

仕様で「スキーム」といったとき、これにはコロンは含まれません。詳細は仕様書である RFC 3986 を参照してください。

■ クライアントの生成

HTTP、HTTPS どちらでも、クライアントを生成するには request() メソッドを用います（22 行目）。

```
22 let req = http.request(url, options, function(res) {
```

モジュールは http と書かれていますが、先ほどのスキーム名をもとにした振り分けから、これは HTTP か HTTPS のどちらかのモジュールです。

request() メソッドは http.ClientRequest オブジェクトを返します。22 行目の左辺で req と書いているように、サーバが受け取る req（http.IncomingMessage オブジェクト）と中身的にはおおむね同じものです。異なるクラスが用いられているのは、クライアントとサーバとでは操作の意図が異なるからです。

request() メソッドの第 1 引数には通常は URL 文字列を指定しますが、ここでの用法のように URL オブジェクト（18 行目で生成）を指定することもできます（内部で文字列が URL オブジェクトに変換される）。あるいは、URL 文字列／オブジェクトをまったく指定せず、必要な接続情報を第 2 引数のオプションから指示することもできます。URL とオプションから同じパラメータが指定されたときは、オプションのほうが優先されます。

第 2 引数のオプションには次のようなものがあります。

オプションプロパティ	値の型	用途
auth	string	Authentication: Basic ヘッダに載せる認証文字列（コロンで連結した username:password）。curl なら -u に相当。
headers	object	リクエストヘッダをオブジェクト（フィールド名をキーにする）にして指定。curl なら -H に相当。
host	string	宛先の IP アドレスまたはドメイン名。指定がなければ localhost。
method	string	HTTP メソッド。デフォルトは GET。curl なら -X に相当。
path	string	ターゲット URI の権限元以下のパス部分。デフォルトは /。
port	number	宛先ポート番号。デフォルト値は、HTTP モジュールなら 80、HTTPS モジュールなら 443。
rejectUnauthorized	boolean	怪しいサーバ証明書は却下する。デフォルトは true。HTTPS のみ。

オプション（7、11 ～ 13 行目）で HTTP メソッドを指定していないのは、デフォルトが GET だからです。

第 3 引数にはコールバック関数を指定します。コールバック関数は、request() の戻り値の http.ClientRequest オブジェクトに response イベントが上がってきたときに呼び出されます。コールバック関数にはサーバからの応答が返ってきます。22 行目では、これは res と略称しています。

```
22  let req = http.request(url, options, function(res) {
```

サーバの res と同じものでありません。サーバのものはサーバがクライアントに送信するメッセージ（出力）を、クライアントのものはサーバからクライアントが受信するメッセージ（入力）です。

クライアントとサーバが送受するオブジェクトを次の図に示します。左手のクライアントの送信を表現しているのが http.ClientRequest で、右手のサーバがそれを受け取ったときには http.IncomingMessage として解釈されます。サーバの返信は http.ServerResponse で、それがクライアントに受け取られると http.IncomingMessage になります。

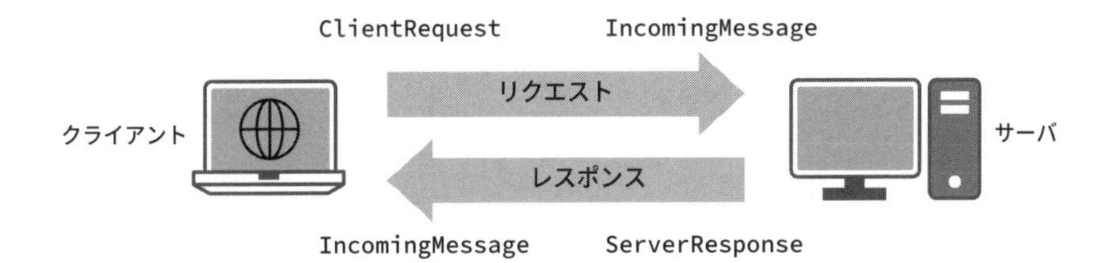

サーバレスポンス

コールバック関数に引き渡されるサーバからのレスポンスは http.IncomingMessage なので、サーバの req とプロパティやメソッドは同じです（7.2 節参照）。ここでは、curl -i と同じような出力が得られるようにステータスライン、続いてレスポンスヘッダを表示をしています（23 ～ 27 行目）。27 行目は、ヘッダとボディの間の空行です。

7

```
23    console.log(`HTTP/${res.httpVersion} ${res.statusCode} ${res.statusMessage}`);
24    for(let head in res.headers) {
25      console.log(`${head}: ${res.headers[head]}`);
26    }
27    console.log('');
```

レスポンスボディ処理

レスポンスボディはデフォルトでは Buffer オブジェクトとして読み込まれます。HTML ページも REST の JSON も普通はテキストなので、ここでは文字エンコーディングを指定します。7.2 節で述べたように、Shift-JIS や ISO 2022-JP など古流の日本語文字には対応できません。

```
29    res.setEncoding('utf8');
```

HTTP モジュールは、五月雨式に送信されてくるデータを自動的にひとまとめにはしてくれません。そこで、http.IncomingMessage オブジェクト（res）に上がってくる data イベントから部分データ（チャンク）をその都度受け（31 ～ 33 行目）、end イベントで終了を検知しなければなりません（34 ～ 36 行目）。

```
30  let text = '';
31  res.on('data', function(chunk) {
32    text += chunk;
33  });
34  res.on('end', function() {
35    console.log(text);
36  });
```

単純な印字やファイルへの書き込みなら、チャンク単位で処理してもかまいません。このコードのようにデータ受信が完了するまで待ってから処理をするのは、たとえば JSON.parse() をかけたいときです。

この辺の要領はサーバと同じです。

■ リクエストを明示的に終了させる

39 ～ 41 行目はリクエスト（http.request() が返す req）にエラーがあったときの処理で、普通に動いていれば出番はありません。しかし、42 行目の req.end() は必須です。

```
42 req.end();
```

http.request() はデータ送信も処理できるように設計されているので、メッセージがどこで終わったかを明示的に示さなければならないからです。これがなければ、スクリプトは永遠に先に進めません。

http.request() の姉妹版メソッドに http.get() があります。文字どおり GET メソッド専用です。GET でデータを送信することはまずないので（絶対にダメというわけではないが）、このメソッドでは res.end() は必要ありません。GET しか実装しないのなら、こちらのメソッドのほうが楽でしょう。

第8章 MongoDB Atlas

本章では、MongoDB のクラウドサービス版である Atlas の導入方法と、基本的な用法をかいつまんで説明します。

データベースとユーザとのインタラクションは、Atlas の Web インタフェースから行うものとします。GUI クライアントの Compass、および CLI クライアントの MongoDB Shell（mongosh）は使用しません。

Web インタフェースの構成は変動するので、必ずしも掲載と同じ画面、同じステップになるとはかぎりません。

8.1 概要

■ NoSQL データベースシステム

MongoDB は、NoSQL に分類されるデータベースシステムです。

NoSQL 型のデータベースは、Oracle や Microsoft SQLServer などのリレーショナル型データベースと異なり、データを表形式以外の方法で収容するという特徴があります。データ操作に `SELECT シリアルコード FROM データベース ORDER BY 攻性情報戦闘;` のような SQL 言語を用いないので「No SQL」と呼ばれます。

NoSQL には次の表に示すバリエーションがあります。MongoDB はそのうちの「ドキュメント型」に分類され、データを JSON 形式（正確にはそのバイナリ版の Binary JSON）で管理します。

タイプ	データベース例	特徴
ドキュメント型	MongoDB	構造を厳密に定めず、JSON など汎用的な方法でデータを表現する。
キー／値型	Redis	キー＝値の組を収容する。複雑なデータには向かない反面、非常に高速。
ワイドコラム型	Cassandra	リレーショナル型と同様に行列形式だが、列（コラム）が行単位で異なってもよい。
グラフ型	Neo4j	グラフ構造でデータを表現する。

MongoDB は、数多あるデータベースシステムの中でもトップクラスの人気を誇っています。次に示す DB-Engines のランキングでは、1 位から 4 位まではリレーショナル型ですが、それに続く数点の NoSQL のトップが MongoDB です（ランキングは 400 位くらいまで示されています）。

https://db-engines.com/en/ranking

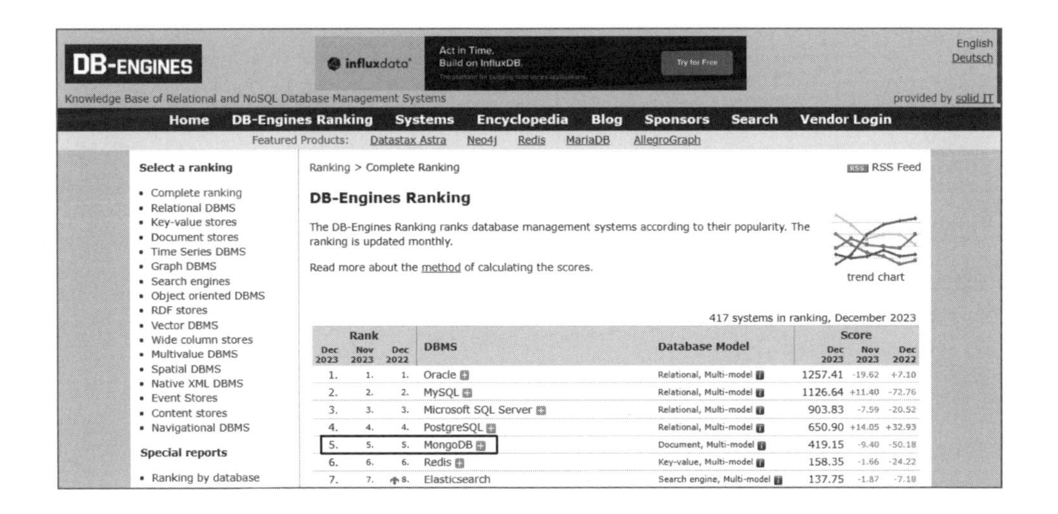

MongoDBのデータ構造

MongoDBには、リレーショナル型データベース同様に複数の「データベース」を収容できます。

データベースには複数の「コレクション」を収容できます。リレーショナル型で「テーブル」（表）に相当するものです。Excelのようなスプレッドシートアプリケーションでは「シート」です。

コレクションには複数の「ドキュメント」が収容できます。これはテーブルに収容したレコード（行）に相当します。

テーブルコラム（表の列）はフィールドです。オブジェクトではプロパティ値に相当します。

データベースの構造を示す用語を次の表に示します。

リレーショナル	MongoDB	スプレッドシート
データベース	データベース	ファイル
テーブル（表）	コレクション	シート（タブ）
レコード（行）	ドキュメント	行
コラム（列）	フィールド	列

MongoDBコレクションの例を次に示します。

```
[                                          // 配列＝コレクション
  {                                        // オブジェクト＝ドキュメント
    "_id": "65750ace416aa0ccd9ce6931",     // プロパティ＝フィールド
    "company":"磯自慢酒造",
    "url":"http://www.isojiman-sake.jp/"
  },
  {
    "_id": "65750c13416aa0ccd9ce6932",
    "company":"志太泉酒造",
    "location":"静岡県藤枝市"
  }
]
```

全体を囲む配列 [] がコレクション、配列要素のオブジェクト {} がドキュメント、その中のプロパティ key:value がフィールドです。

リレーショナル型では列はまんべんなく埋まっていなければなりませんが、MongoDB ではドキュメント毎にフィールドが異なってもかまいません。上記では、一方にある url が他方にはなく、代わりに location が使われてます。

コレクションが配列で表現されていることからわかるように、重複したドキュメントも受け付けられます。しかし、ドキュメントを区別できないと困るので、一意に識別するための _id というフィールドが加えられます。リレーショナル型ならプライマリキーと呼ぶものに相当します。凝った用法をしているのでなければ、システムが自動的に賦与してくれる _id フィールドはユーザに透過的です。

MongoDB Atlas

MongoDB にはスタンドアローン型もありますが、クラウドサービス版の Atlas ならサーバ管理の手間がかからないので気楽に利用できます。

利用に際しては、次節で説明するユーザ登録とセットアップが必要です。

本格的な運用には有償版が勧められますが、本書のようにテスト用あるいはカジュアルな利用だけなら、無償版で十分です（shared 版）。データストレージが 512 MB までというのはやや心もとないですが、利用回数や CPU 利用時間に無関係で、クレジットカードの提示も必要なしというのは安心感があります。料金体系については次の URL を参考にしてください。

```
https://www.mongodb.com/pricing
```

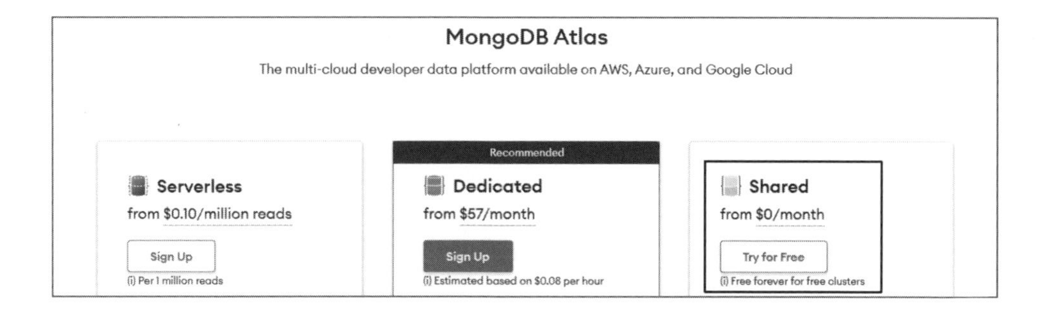

8.2 導入

手順

MongoDB Atlas は次の手順にしたがって導入します。

- ユーザ登録（②～④）
- データベースクラスタの構築（⑤）
- データベースアクセスの設定（⑥～⑦）
- 最初のデータベースとコレクションの作成（⑨）

掲載した手順と画面は本書執筆時点のもので、変更されることもあります。もっとも、登録・設定しなければならない項目はそれほど変わらないはずなので、読み替えは難しくはないでしょう。

①トップページ

「MongoDB Altals」で検索する、または次の URL から MongoDB Atlas のトップページにアクセスします。

```
https://www.mongodb.com/ja-jp/atlas/database
```

フロントページはただの宣伝惹句なので、有用な情報はありません。下端の［無料で試す］ボタンをクリックし、次に移ります。なお、最初だけはかろうじて日本語ですが、以降は英語です。

②ユーザ登録

遷移した「Sign Up」ページから、氏名、社名（任意）、メールアドレス、パスワードを設定し、契約条項同意にチェックを入れ、［Create your Atlas account］（Atlas アカウントを作成）ボタンをクリックします。Google のアカウントを流用するなら、［Google でサインアップする］を選択します。

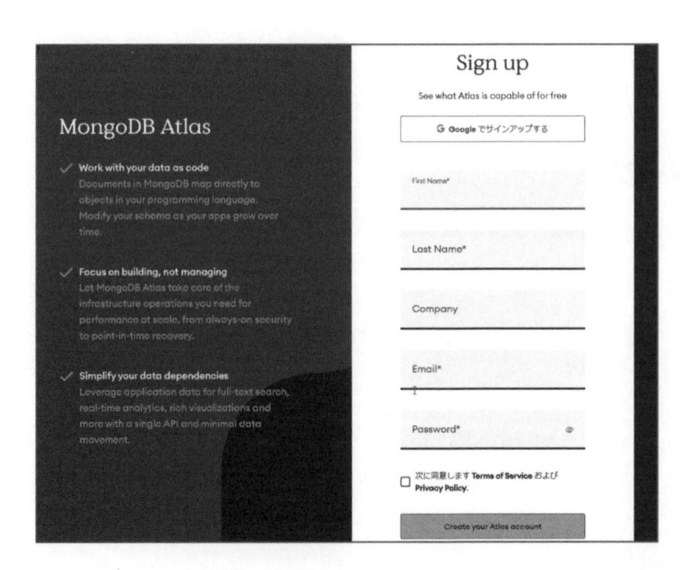

画面が「Great, now verify your email」（メールを確認してください）に遷移します。

しばらくすると、登録したアドレスに確認メールが届くので、メールにある［Verify email］をクリックします。

画面が「Email successfully verified」（メール検証が完了しました）に移動するので、［Continue］ボタンから続行します。

③多要素認証

多要素認証（MFA）設定のページに遷移します。

MFA（Multi Factor Authentication）は、ログイン名とパスワードに加え、テキストメッセージや携帯アプリを介して多重的にアクセス認証をするメカニズムです。ショッピングサイトや銀行などのオンラインサービスでは、セキュリティ確保のために標準的に用いられています。使用するなら［Set up now］を、使わないなら［Remind me later］（あとで）を選択します。ここでは後者を選択します。

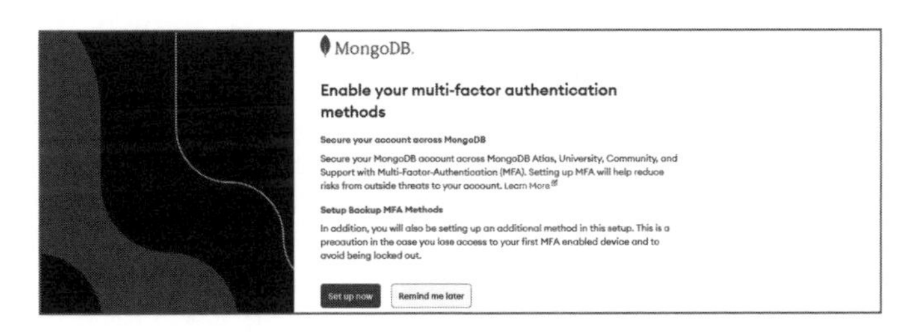

多要素認証を設定していないと、ログイン時に、同じことをときおり訊かれます。必要なければ無視して結構です。

④質問票

「Welcome」画面などが一時的に表示され、しばらくすると質問票ページが現れます。

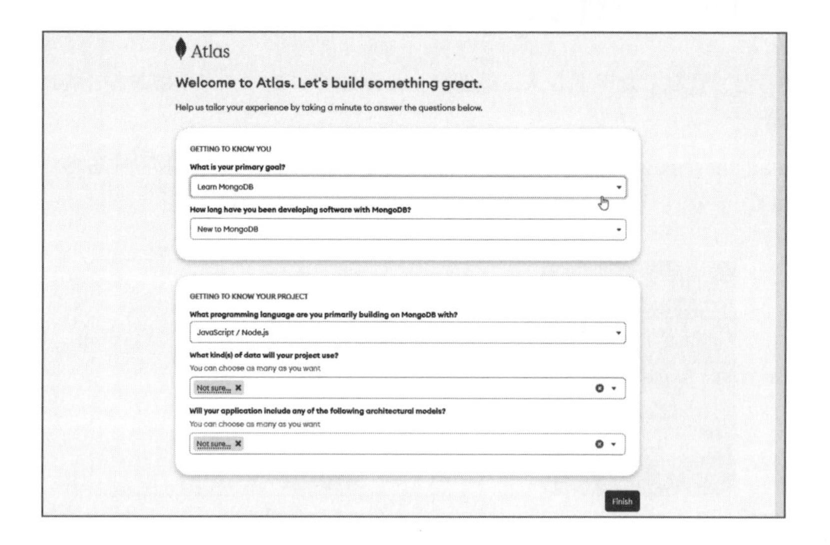

上の2項目は利用目的、MongoDBの経験年数です。続く3項目は使用するプログラミング言語、データの種類、アーキテクチャモデルです。最後の2つは複数選択式になっています。

この情報は、Atlas画面を使用目的に合わせてカスタマイズするのに使われます。あとから自分の好みに変更できるので、真面目に答えなくても結構です。

回答を記入したら［Finish］をクリックします。

⑤データベースクラスタの構築

続く「Deploy your database」画面でデータベースクラスタをクラウド上に構築します。

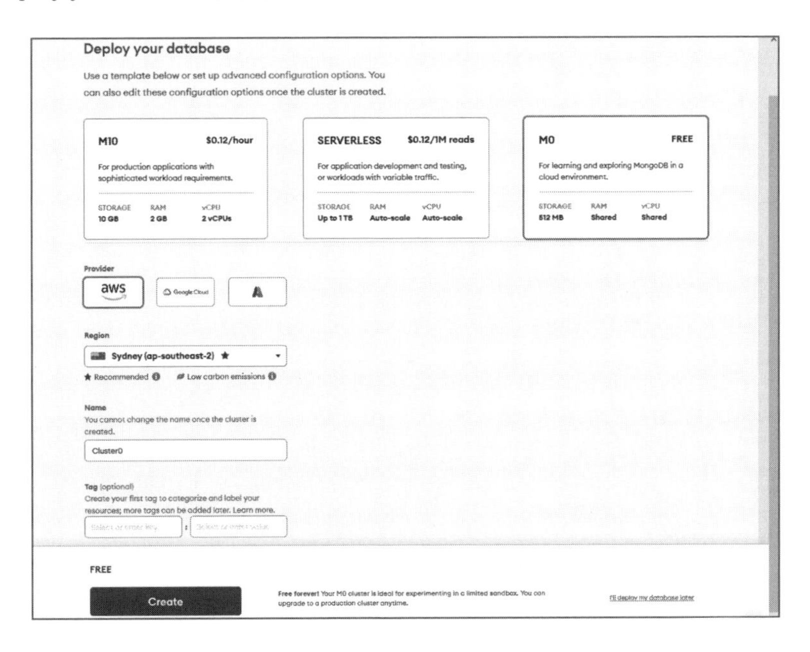

上部に並ぶ3つの選択肢から、データベースのサイズを選択します。ディスク容量やRAMにとくに要求がなければ、右側の無償版の「M0」で十分です。RAMやvCPU（仮想CPU）が「Shared」とあるのは、使用するリソースが共有されているという意味です。カジュアルな用途で問題になることはないでしょう。

「Provider」（プロバイダ）では、このMongoDBインスタンスを配置するクラウドサービス提供社を選択します。Amazon Web Service、Google Cloud、Microsoft Azureがありますが、Atlasを使うぶんには違いはありません。その下の「Region」からは、そのクラウドサービスの所在を選びます。どこでもかまいませんが、たいていは近隣のものを選びます。利用可能な場所はプロバイダやクラスタサイズによって異なります（無償版の所在はやや少なめです）。

「Name」では、データベースクラスタに名前を付けます。デフォルトの「Cluster0」のままでもかまいません。

「Tag」はデータベースの付加情報で、「キー：値」の構成です。あとから変更できるので、今すぐに設定する必要はありません。ここでは空欄のままとします。

ページ下端の［Create］ボタンをクリックするとデータベースクラスタが作成されます。

⑥管理者アカウントの設定

画面が「Security Quickstart」に遷移します。ページ前半の「① How would you like to authenticate your connection?」（どのような方法で認証しますか）セクションからデータベース管理者（admin）アカウントを作成します。

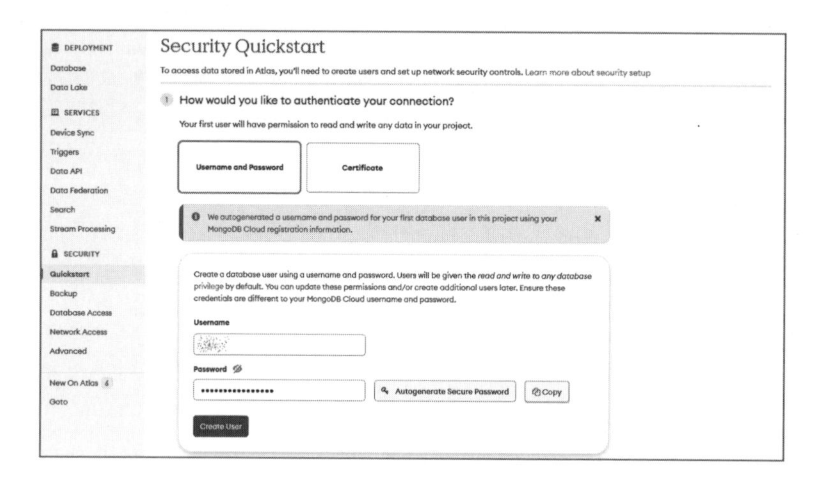

認証方式には「Usesrname and Password」（ユーザ名とパスワード）と「Certificate」（証明書）がありますが、簡単な前者を用いるとします。

ユーザ名の第1候補は、メールアドレスから自動的に生成されます。気に入らなければ変更します。パスワードは、[Autogenerate Secure Password] ボタンから長い無意味文字列を自動生成できます。もちろん、自分で決めたものを手入力してもかまいません。いずれにせよ、どこかに記録を取っておきます。

用意ができたら、[Create User] ボタンをクリックします。標題の「①」の部分が✓マークに変わります。

⑦アクセス制限の設定

同じページの下方にある「② Where would you like to conenct from?」（どこから接続しますか）セクションでは、このデータベースにアクセスできるIPアドレスのリストを作成します。

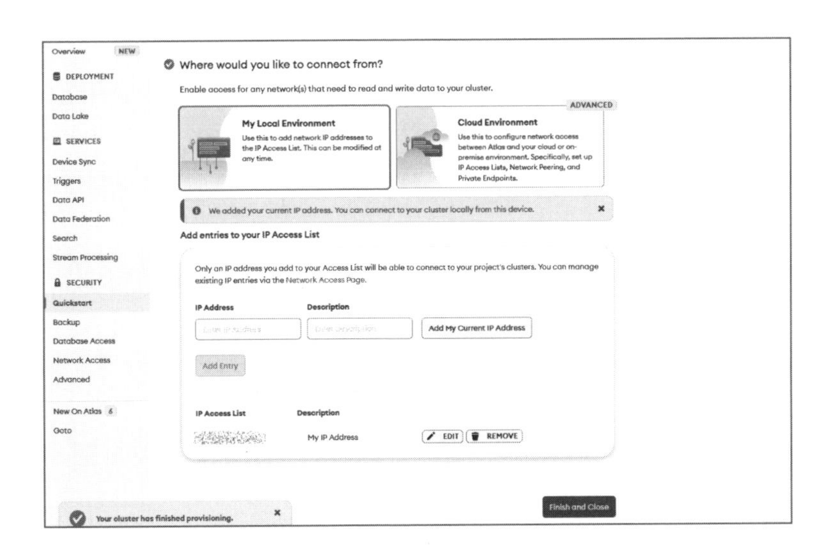

「My Local Environment」（自分の環境）と「Cloud Environment」（クラウド）の選択肢がありますが、たいていは左の自分の環境を選択します。

その下の「Add entries to your IP Access List」（IP アクセスリストの追加）にある［Add My Current IP Address］ボタンをクリックすると、現在使用している自機の IP アドレスが下にある「IP Access List」に加えられます。見覚えのないアドレスでしょうが、これは、あなたが使用しているインターネットサービスプロバイダのグローバル IP アドレスです。

他に加えたい IP があれば、「IP Address」直下のフィールドから IP アドレスを入力し、［Add Entry］ボタンをクリックします。ネットワークアドレス形式なので、複数をまとめて許可もできます。たとえば、`192.168.1.0/24` です。これで、`192.168.1.0` ～ `192.168.1.255` の範囲の 256 個の IP アドレスにアクセス許可を与えられます。その IP アドレスだけピンポイントに許可するなら `/32` をアドレス末尾に付けます。どこからでもアクセスを許可するのなら、`0.0.0.0/0` を指定します。

`ifconfig` や `ipconfig` から得られる自機の IP アドレスはプライベート IP アドレスなので、ここでは指定できません。グローバル IP アドレス（NAT ルータの外側のアドレス）は本人からは不可視なので、送信元アドレスを表示してくれるインターネット上のサーバにアクセスすることで確認します（`http://ifcfg.me` などがあります）。「グローバル IP 自機 確認」といったキーワードで検索してください。

［✏ EDIT］ボタンから編集が、［🗑 REMOVE］ボタンから削除ができます。

ユーザアカウントとアクセスリストはあとから変更できます。

用意できたら、アクティブになった［Finish and Close］ボタンをクリックして設定を完了します。

インターネットサービスプロバイダの提供するグローバル IP アドレスは（動的割り当てなので）ときおり変更されます。MongoDB ドライバからの Atlas へのアクセスでがエラーとなったとき（MongoServerSelectionError）は、アクセスリストに自機の IP アドレスが含まれているかを、Atlas 画面左側のメニューの Security > Network Access から確認および編集します。

■ ⑧完了

「Congraturations on setting up access rules!」（アクセス制限の設定が完了しました）ダイアログボックスが現れるので、［Go to Overview］ボタンから Atlas ユーザインタフェースのトップ（Overview）に移動します。

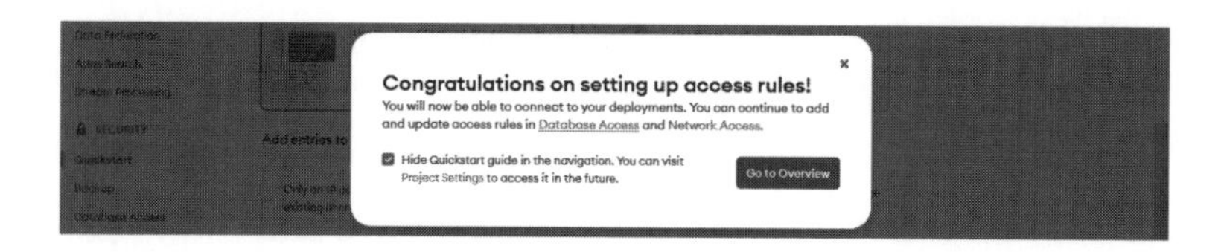

他にもダイアログボックスが出てきますが、適当にいなせばメイン画面の「Overview」に遷移します。画面中央のパネルにある「Cluster0」が、手順⑤で指定したデータベースクラスタの名前です。

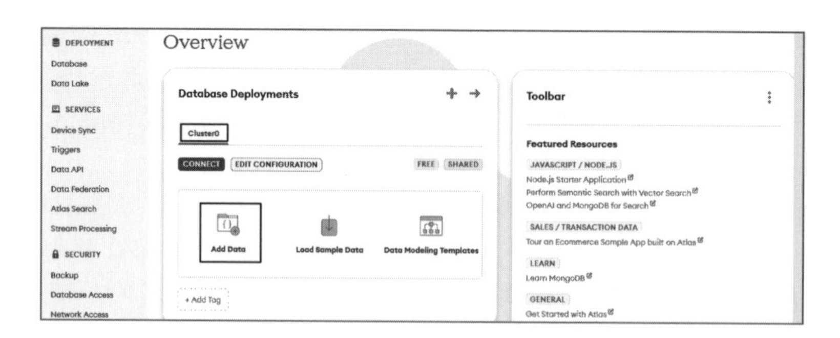

■ ⑨データベースの作成

続いて、最初のデータベースとそのコレクションを作成します。どちらもいつでも作成、削除ができるので、ここに記載の手順どおりの画面が表示されなかったら、別途作成してください。

「Overview」ページ中央パネルの［Add Data］ボタンをクリックすると、「Add Data Options」（データオプションの設定）ページに遷移します。

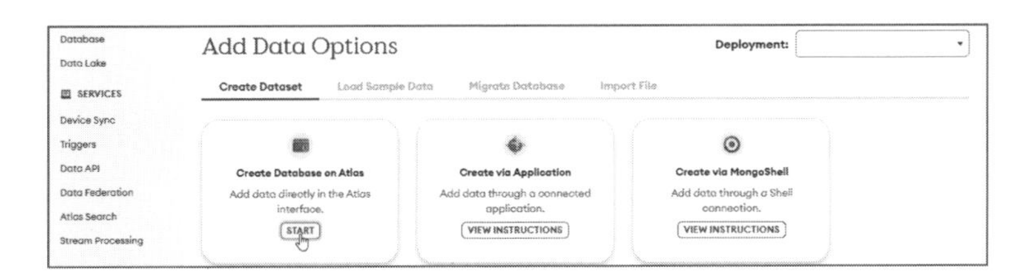

選択肢が3つありますが、左端の「Create Database on Atlas」（データベースをAtlasに作成）の［Start］（開始）ボタンをクリックすることで、次の「Add Data Options」（データオプションの追加）ページに遷移します。

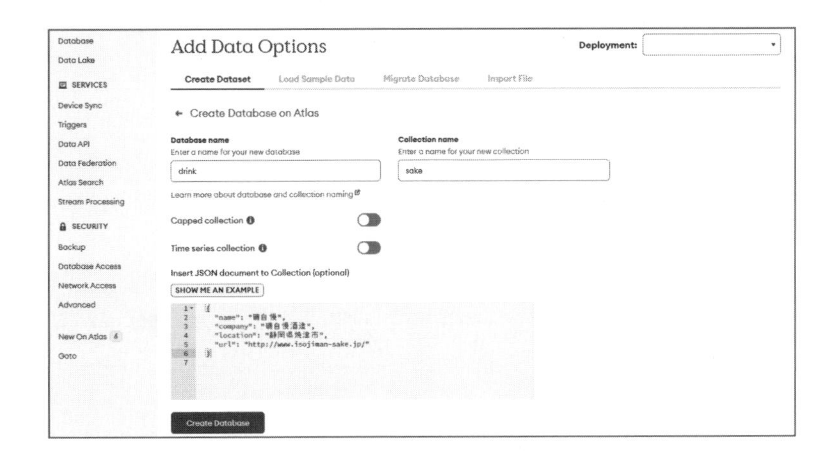

「Database name」からデータベース（コレクションの集合）の、「Collection name」からコレクション（ここで作成するテーブル）の名前をそれぞれセットします。

コレクションの構造を指定するスイッチボタンが2つありますが、どちらもオフにします。「Capped collection」（上限付きコレクション）はサイズ上限を設けたコレクションで、上限以上のデータを挿入すると循環式バッファのように古いものから削除されます。「Time series collection」（時系列コレクション）はドキュメントに必ず時刻情報が加わるものです。これらオプションは、販売記録や株価のように時系列に沿ってコンスタント生成されるデータに向きます。

その下のフィールドは、コレクションに挿入するドキュメントです。JSONオブジェクトを1つ（1レコードぶん）を書き込みます。ここでは、次のデータを投入します。

```
{
  "name": "磯自慢",
  "company": "磯自慢酒造",
  "location": "静岡県焼津市",
  "url": "http://www.isojiman-sake.jp/"
}
```

用意ができたら［Create Database］ボタンをクリックします。

JSONテキストが正しく書かれていないと「Insert not permitted while document contains errors」（テキストにエラーがあるので挿入できません）とエラーが上がります。

完了すると、画面がデータベースビューに遷移します。タブが［Collections］になっており、今作成したdrinkデータベースに、sakeコレクションが作成され、その中のドキュメントが表示されています。MongoDBでは、データベースとコレクションを一気に記述するときは、「drink.sake」のようにドット．でつないで表現します。

ドキュメントには、挿入時にはなかった_idフィールドが加わっています。これは、MongoDBが付けるオブジェクトIDで、一意にドキュメントを指し示すためのものです（12バイト長の16進数文字列24個です）。

8.3 ドキュメント

MongoDBのサイトはトップページだけは日本語ですが、中身はすべて英語です。

```
https://www.mongodb.com/
```

各種ドキュメント（マニュアル）には、トップページの上端メニューにある「Resources」からアクセスできます。

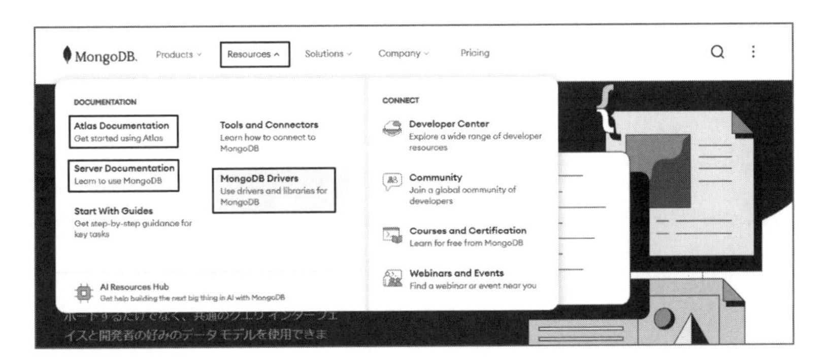

「Atlas Documentation」にはAtlas固有の話題が掲載されています。

「Server Documentation」にはMongoDB共通の情報が示されています。本書の範囲では、左パネルの「References」以下の項目から、フィルタ（SELECTのWHERE句に相当）の比較演算子などの基本操作を調べるときに使います。

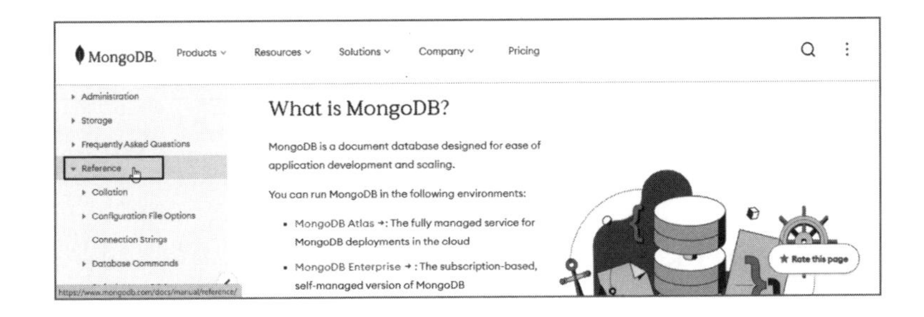

本書でもっともよく参照するのは、「MongoDB Drivers」からアクセスするNode.js用ドライバのドキュメントです。クリックし、「Node.js」を選択します。直接アクセスするなら、次のURLを使います。

https://www.mongodb.com/docs/drivers/node/

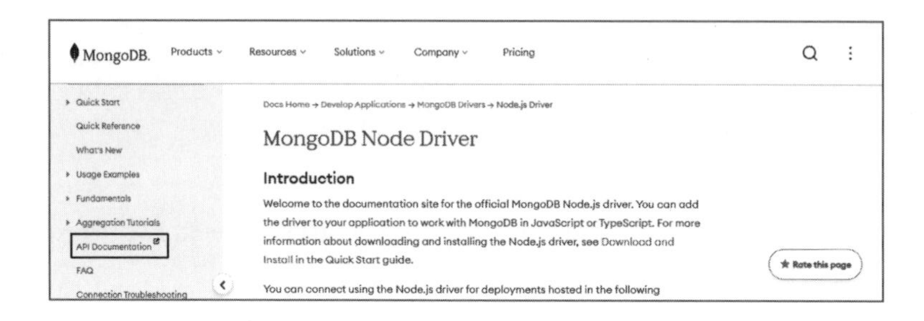

プログラミングで必要なAPIの詳細は、左パネルのメニューにある「API Documentation」から得られます。遷移先はGithubです。直接のURLは次のとおりです。

https://mongodb.github.io/node-mongodb-native/

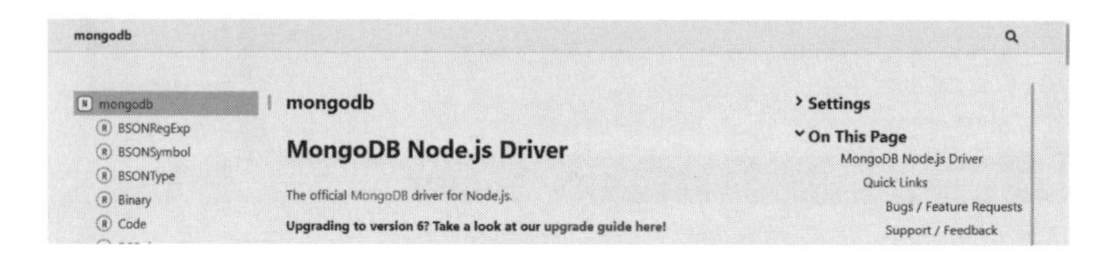

左パネルにカテゴリー別に全機能がリストされています。Ⓡは Reference（参照）でデータ型などの説明、Ⓒはクラス、Ⓘはインタフェース、Ⓣはタイプアリアス（TypeScript）、Ⓥは定数値です。本書の範囲で主に使うのは、`Collection`、`Db`、`FindCursor`、`MongoClient` クラスです。確認したいクラスをクリックすれば、そのコンストラクタ、プロパティ、メソッドなどが示されます。

8.4 Atlasの使いかた

■ ログイン、ログアウト

MongoDB Atlasには次のURLからログインできます。「MongoDB Atlas Login」で検索してもよいです。

https://account.mongodb.com/

ログオフするには、画面右上にあるユーザ名のプルダウンメニュー最下端から「Log out」を選択します。

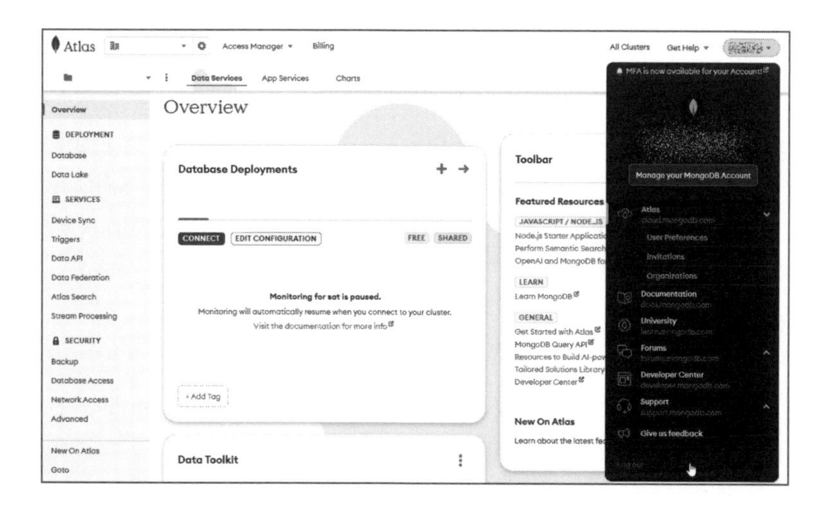

Overview

ログインすると、Overviewページが表示されます。ここから各種の画面に遷移しますが、左上の［Overview］ボタンからここに戻ってこれます。

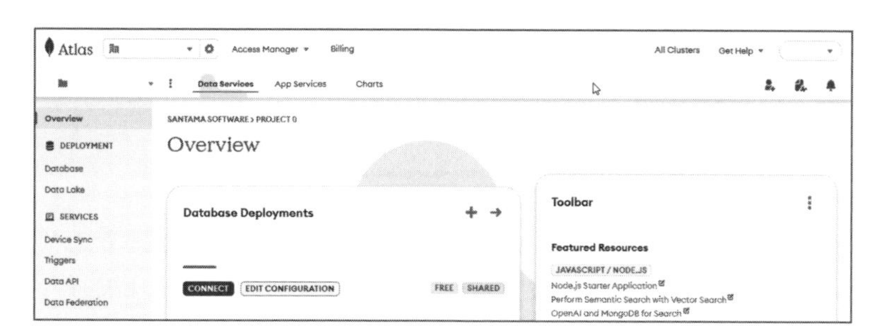

コレクションの表示

左パネルの［Database］をクリックし、［Browse Collections］をクリックすれば、データベースおよびそのコレクションを一覧できます。

中央パネルにデータベースとコレクションがフォルダ表示のように階層的に示されます。ここでは、auth と drink というデータベースがあります。その中のコレクションを閲覧するには、左手の▶ボタンをクリックすることで展開します。ここでは drink データベース内に beer と sake という 2 つのコレクションがあります。この操作パネルの右、「drink.sake」（drink データベースの sake コレクション）のデータが示されます。

ドキュメントの挿入

ドキュメント（JSON オブジェクト）を挿入するなら（SQL の INSERT に相当）、上記の画面右にある［INSERT DOCUMENT］をクリックします。ドキュメント挿入のダイアログボックスが現れます。

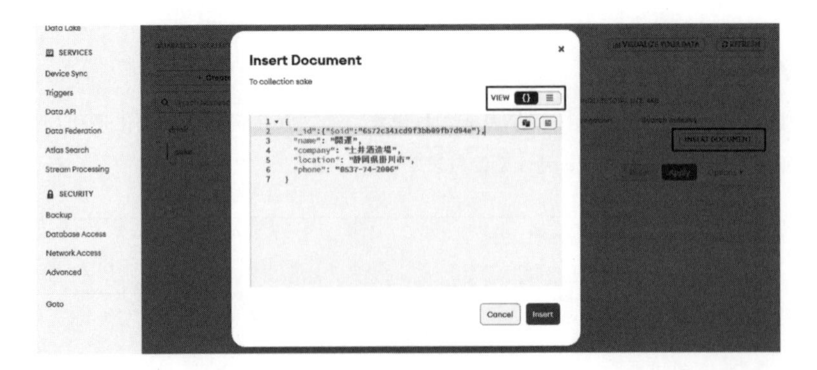

右にある「View」から、オブジェクト形式 {} とフラットなキー・値形式≡が選べるようになっています。使いやすいほうを選んでください。ここではオブジェクト形式にして挿入しています。用意ができたら［Insesrt］ボタンをクリックします。

複数のドキュメントを一気に挿入するなら、オブジェクトの配列 [{...}, {...}] を書き込みます。

挿入されるともとの画面に戻り、コレクションが表示されます。

データベース作成時に挿入したドキュメントと今挿入したものとで、オブジェクトの構造が揃っていないところがポイントです。MongoDBのコレクションには、異なる格好のオブジェクトを収納できるのです。

ドキュメントの検索（filter）

特定のドキュメントを検索するなら（SELECTに相当）、画面右中央にある「Filter」を使います。検索語（WHEREに相当。画面では「query」）は例に示されているように、オブジェクト形式で指定します。空オブジェクトの {} はすべてのドキュメントを意味します。{name: "開運"} は、SQLなら WHERE name = '開運' です。

フィルタが準備できたら［Apply］ボタンをクリックします。フィルタが適切に書かれていなければボタンはグレーアウトしたままです。

正規表現

SQLの LIKE に相当する演算子はありませんが、正規表現が使えます。たとえば、WHERE name LIKE 'classic' は {name: /classic/} です。大文字小文字無関係なら {name: /classic/i} です。

MongoDBの正規表現はPCRE（Perl Compatible Regular Expresion）スタイルを採用しています（MongoDB 6.1以降）。もっとも、正規表現のバリエーションはいろいろあれど、基本部分でそう違うことはありません。つまり、ウィザード級の呪文を使うのでなければ、いつもの正規表現と同じです。奇妙な挙動に遭遇したら、次に示すPCREのサイトから仕様を確認します。

```
https://www.pcre.org/
```

MongoDBの正規表現（後述の条件式のように $ で始まる $regex が用いられる）については、「MongoDB Manual > Reference > Operators > Query and Projetion Operators > Evaluation Query

Operators > $regex」のページを参照してください。直接のリンクは次のとおりです。

https://www.mongodb.com/docs/manual/reference/operator/query/regex/

検索条件式

数値の比較などの条件式もフィルタで使えます。ただ、ちょっとややこしくなっていて、price フィールドの値が40以上のように書くとき（SQLなら WHERE price >= 40)、フィールド値には比較演算子をキーに、比較する値を値にしたオブジェクトを指定します。

```
{price: {$gte: 40}}
```

比較演算子を次に示します。$in と $nin は内包関係を示す演算子（JavaScript なら Array.includes() 相当）です。

比較演算子	意味
$eq	==
$gt	>
$gte	>=
$in	Array.includes()（左辺の要素が右辺の配列に含まれていれば true）
$lt	<
$lte	<=
$ne	!=
$nin	! Array.includes()（左辺の要素が右辺の配列に含まれていなれば true）

論理演算子も使えます。これもちょっとややややこしく、演算子名をキーに、複数の比較演算フィルタを要素とした配列を値に指定します。たとえば、SQL で書けば price >=40 AND size < 400 を検索するフィルタは次のようになります。

```
{$and: [{price: {$gte: 40}}, {size: {$lt: 400}}] }
```

論理演算子を次に示します。

論理演算子	意味
$and	論理積
$or	論理和

論理演算子	意味
$not	否定
$nor	否定論理和

他にも多様な演算子が用意されています。詳しくは「MongoDB Manual > Reference > Operators」を参照してください。

https://www.mongodb.com/docs/manual/reference/operator/

ドキュメントの更新と削除

ドキュメントのフィールドを更新あるいは削除するなら、そのドキュメントをホバーすれば、右にアイコンメニューが出てきます。

アイコンは左から「編集」(UPDATEに相当)、「コピー」、「複製」、「削除」(DELETEに相当)です。

データベースの作成と削除

新規のデータベースは、中央のパネルにある［+Create Database］ボタンからは、データベースを新たに作成できます。

データベース名、最初のコレクション名を指定し、［Create］ボタンで作成します（上の画面ではプルダウンメニューで隠れている)。「Additional Preferences」(追加の設定）は8.2節のステッ

プ⑨で説明した、コレクションの構造です。

中央の操作パネルのデータベース名でマウスをホバーさせれば削除ボタン 🗑 が表示されるので、そこからデータベースは削除できます。削除時に、確認のためにそのデータベース名を入力するように促されます。入力したら［Drop］ボタンで削除です。

■ 命名上の注意

データベース、コレクション、フィールドの命名にはいくつか制約があります。

データベース名の制約を次に示します。データベースサーバを運用している OS の違いなどで制約が異なるものもありますが、ここではより厳しいパターンを掲載します。

- 大文字小文字の違いは無視します。たとえば、drink と Drink は同じものとして扱われます。
- 次の特殊記号は使えません：/\. "$*<>:|? および null。
- 最大長は 64 文字です。

コレクション名の制約を次に示します。

- 先頭文字はアンダースコア _ または文字のみが使用可能です。
- データベース名と . で連結したときの全長が最大で 235 バイトです。

フィールド名の制約を次に示します。

- _id は予約語（ドキュメントのプライマリキー）なので使えません。
- $ および . は含んではいけません（この制約は緩和されてはいますが、避けるべきです）。
- 重複は認められません。たとえば、{"name": " 志太泉 ", "name: " 磯自慢 "} のようなケースです（JSON そのものの仕様では違反ではありませんが、実装依存とされています）。

正確なところは、「MongoDB Manual > Reference > MongoDB Limits and Threshoold > Naming

Restriction」欄を参照してください。

```
https://www.mongodb.com/docs/manual/reference/limits/
```

8.5 クライアントの導入

導入方法の確認

MongoDB のクライアントには GUI クライアントの Compass、コマンドライン志向の MongoDB Shell、Node.js や Python などプログラミング言語からのアクセスを可能にするドライバ（API）などがあります。

これらクライアントの導入方法は、「Overview」ページの［CONNECT］ボタンから調べられます。

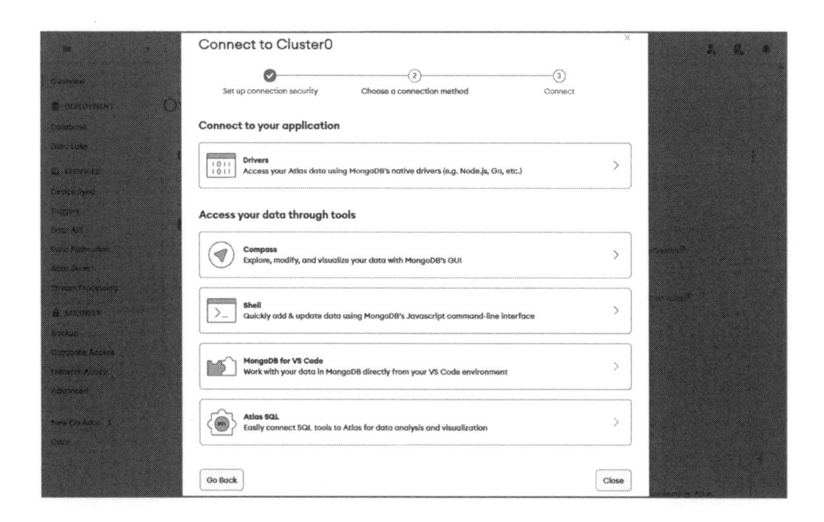

本書では、MongoDB が開発・提供している Node.js ネイティブドライバのみ利用します。npm 上の名称は「mongodb」です。

Node.js 用 MongoDB ドライバには他にもいくつかあり、たとえば Mongoose がポピュラーです。Mongoose ならオブジェクトデータモデルを採用しているなど、それぞれに特徴的な機能があるので、公式ドライバに慣れたら導入を考えるのもよいでしょう。興味のあるかたは npm の検索フィールドから検索してください。

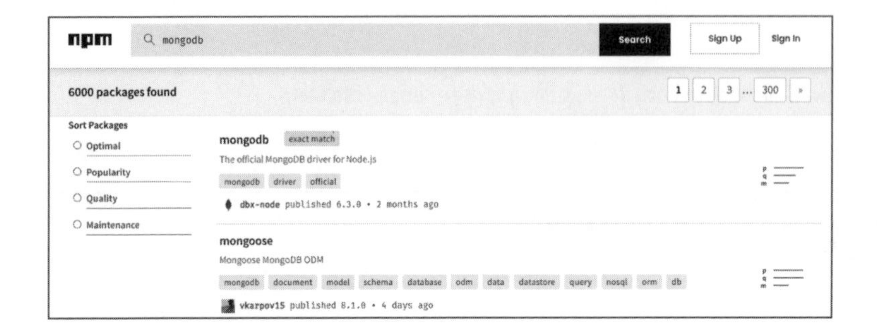

各パッケージの右手に p、q、m を頭付けした横棒グラフがあり、それぞれ人気度（popularity)、品質（quality)、メンテナンスの度合い（maintenance）を示しています。パッケージを選択するときの参考にしてください。

■ MongoDB Node.js ドライバ

Node.js 用 MongoDB ネイティブドライバを導入するには、上記［CONNECT］から［Drivers ... Access your Atlas data using MongoDB's native drivers (e.g. Node.js, Go, etc.)］（MongoDB のネイティブドライバを介して Atlas データにアクセスします）を選択すると、次の画面に遷移します。

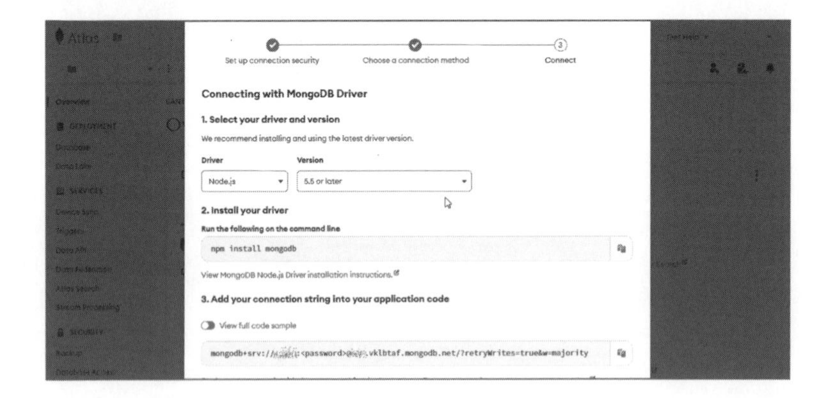

最初の「1. Select your driver and version」（ドライバとそのバージョン）で言語 / エンジンとドライバのバージョンを選択します。すると、「2. Install your driver」（ドライバのインストール）のところにインストールコマンドが表示されます。Node.js なら次のとおりです。

```
$ npm install mongodb
```

「3. Add your connection string into your application code」（アプリケーションコードではこの

文字列で接続します）欄は重要で、この文字列（の全部あるいは部分）を使って接続を指示するからです。URLは次のような形になっています（?以下のクエリ文字列は気にしなくても結構です）。

```
mongodb+srv://<username>:<password>@<cluster>.<subdomain>.mongodb.net/
```

先頭のmongodb+srvは疑似スキームです。いつもの://に続いては<username>:<password>の形式でユーザ名とパスワードを指定します。@以降はドメイン名（URLの用語では権限元）で、先頭のラベルはデータベースクラスタ名で、続くラベルはそれぞれ異なります。

この接続情報は、Node.jsのMongoDBクライアントコードでは次のように使います。

```
let url = 'mongodb+srv://foo:bar@cluster0.example.mongodb.net/';
let client = new mongo.MongoClient(url);
```

■ MongoDB Node.js ドライバのバージョン

そのプロジェクト（npmパッケージ）で使用されているMongoDBドライバのバージョンはnpm listコマンドから確認できます。

```
$ npm list mongodb
Codes@ /mnt/c/Codes
└─── mongodb@6.3.0                              // Version 6.3.0
```

最新のバージョンを調べるにはnpm infoコマンドです（長いので、出力は一部割愛しています）。

```
$ npm info mongodb

mongodb@6.3.0 | Apache-2.0 | deps: 3 | versions: 435
The official MongoDB driver for Node.js
https://github.com/mongodb/node-mongodb-native

keywords: mongodb, driver, official

dependencies:
@mongodb-js/saslprep: ^1.1.0
bson: ^6.2.0
mongodb-connection-string-url: ^3.0.0
```

```
dist-tags:
4x: 4.17.2                      latest: 6.3.0
5x: 5.9.2                       nightly: 6.3.0-dev.20240120.sha.f506b6a

published 2 months ago by dbx-node <dbx-node@mongodb.com>
```

■ データベースユーザの作成

クライアントがデータベースにアクセスするときに用いるユーザを作成します。8.2 節のステップ⑥で作成したデータベース管理者を使ってもよいのですが、データにアクセスするユーザと管理者のアカウントは分けるものです。

Atlas の左パネルの「Security > Database Access」から「Database Access」の「Database Users」タブに行きます。

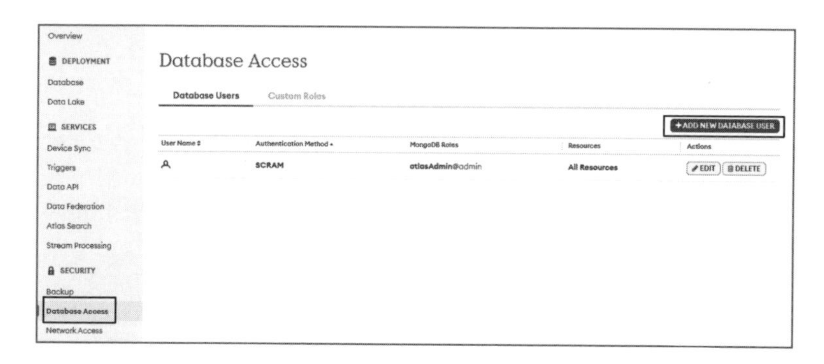

右側の［+ADD NEW DATABASE USER］ボタンをクリックすると、ユーザ追加のダイアログボックスが表示されます。上部では「Authentication Method」から認証法を指定します。

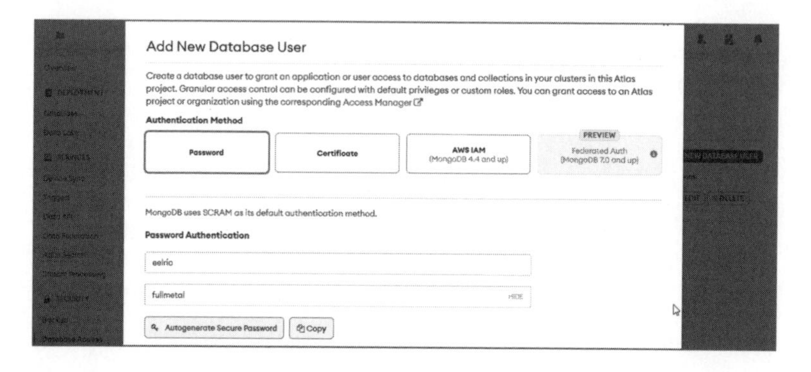

パスワード、証明書、AWS IAM（Amazon Web Serive が提供する認証サービス）が選択できますが、ここでは普通に文字列ベースのパスワードを使います。ユーザ名には英数文字、ハイフン -、アンダースコア _ しか使えません。［Autogenerate Secure Password］ボタンを使えば難読で長いパスワードを生成してくれます。

下部では「Datanase User Privileges」（データベースユーザの権限）からそのユーザの役割（ロール）、つまりアクセス権限を設定します。

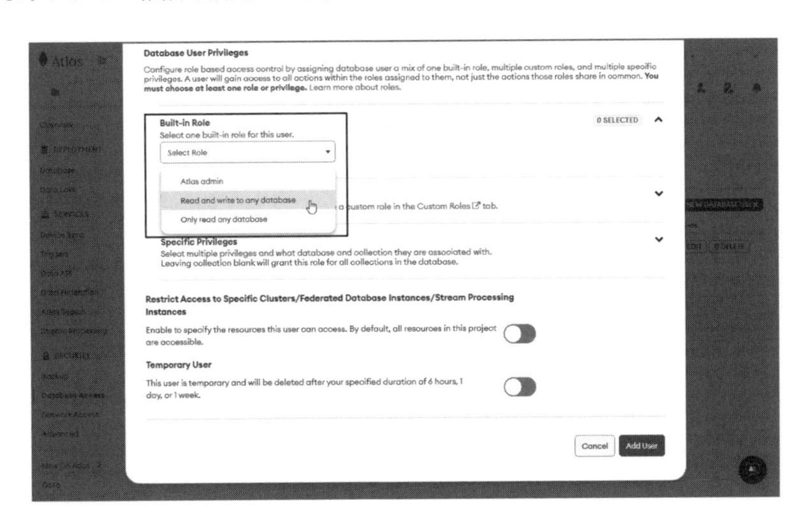

MongoDB にはデフォルトで 3 種類のユーザ役割が用意されており、ここから選ぶのなら「Built-in Role」欄のプルダウンメニューから選択します。

役割	権限
Atlas admin	なんでも。
Read and write to any database	すべてのデータベースへの読み書きアクセス。
Only read any database	すべてのデータベースの読み込みのみアクセス。

本書の範囲では 2 番目の読み書きロールが適切です。なお、上記の表はだいぶ略しているので、正確なところを知りたければ「MongoDB Manual > Security > Role-Based Access Control > Built-In Roles」を参照してください。

```
https://www.mongodb.com/docs/manual/reference/built-in-roles/
```

自作の役割などデフォルトの役割以外を用いるならその他の選択肢を選びます。

「Restrict Access to Specific ...」と「Temporary User」とある 2 つのスライドボタンによる選択は、普通な用法では不要なのでオフのままにします。

最後に［Add User］ボタンをクリックすることで、ユーザを作成します。

8.6 アカウント削除

■ 削除手順

MongoDBを使わないことにしたら、アカウントは削除します（RESTサーバの作成には必ずしもMongoDBが必須なわけではありませんし、データベースを使うとしても、必ずしもMongoDBでなければならないわけでもありません）。

アカウント削除には、アカウントが管理しているリソースを順に依存関係の順に削除します。

① 現在使用中のデータベースクラスタを停止
② プロジェクトを削除
③ 組織を削除
④ アカウントを削除

8.2節では組織もプロジェクトも明示的には作成しませんでしたが、MongoDBが自動的に生成しています。デフォルトで組織はユーザ登録時に記入した会社名、プロジェクトは「Project 0」です。

■ ①データベースクラスタの停止

データベースクラスタを停止するには、「Overview」左パネルにある「Deployment」下の［Database］を選択します。「Database Deployments」ページに遷移するので、データベースクラスタ名（ここではCluster0）の並びのボタン列の右にある［…］プルダウンメニューから、［Terminate］（切断）を選択します。

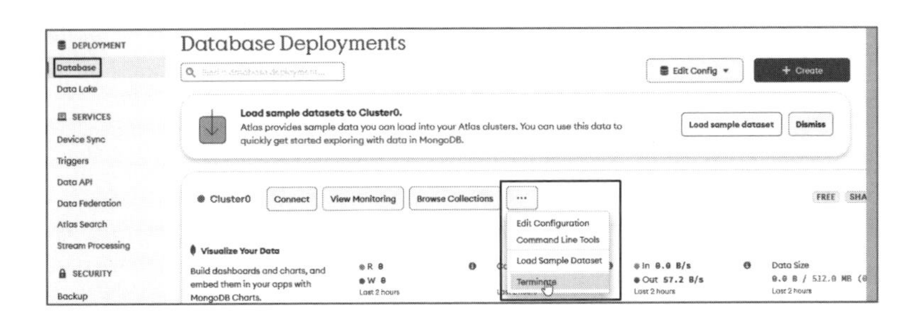

確認ダイアログボックスが現れるので、データベースクラスタ名を入力してから［Terminate］ボタンをクリックします。

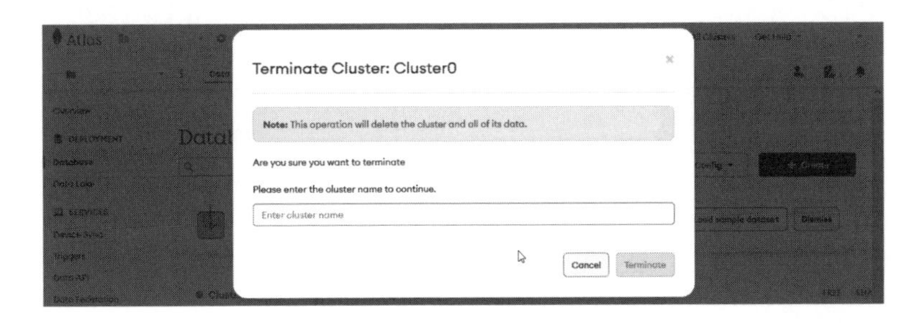

データベースクラスタが停止するまでしばらく時間がかかります。必要ならあとからまた作成できます。

②プロジェクトの削除

データベースクラスタを停止したら、続いてはプロジェクトの削除です。

「Overview」ページ左上にあるプロジェクトプルダウンメニュー（ここでは［Project 0］とあります）から［View All Projects］を選択します。

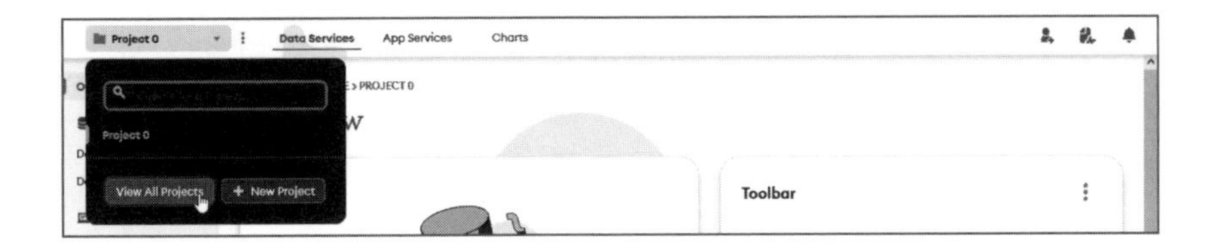

遷移したプロジェクトビューページにプロジェクトのリストが表示されます。すべてのプロジェクトを右端の「Actions」下のゴミ箱アイコンから削除します。

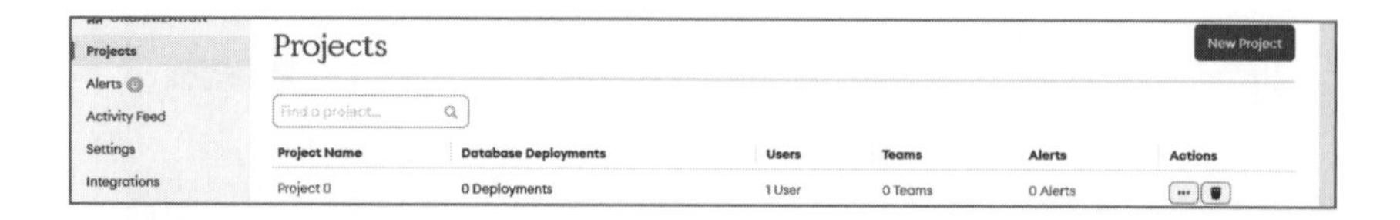

ここでも確認ダイアログボックスが現れるので、プロジェクト名を入力してから［Delete Project］ボタンをクリックします。

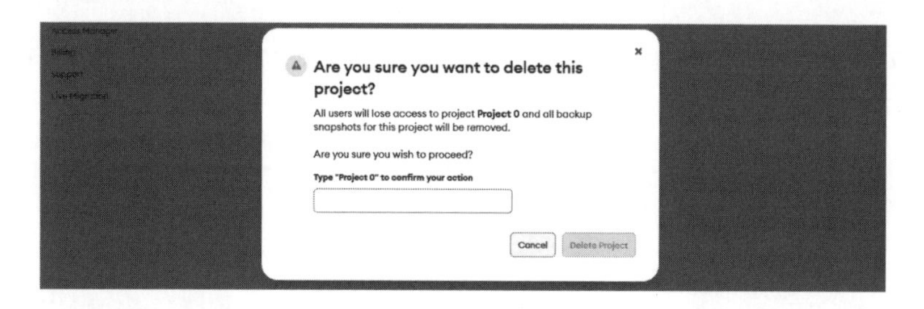

③組織の削除

プロジェクトを削除したら、続いては組織（Organization）の削除です。

ページ先頭の組織名のあるプルダウンメニュー脇の［設定⚙］ボタンをクリックすれば、「Organization Settings」ページに遷移します。

ページ下端にスクロールし、［Delete Organization］ボタンをクリックします。

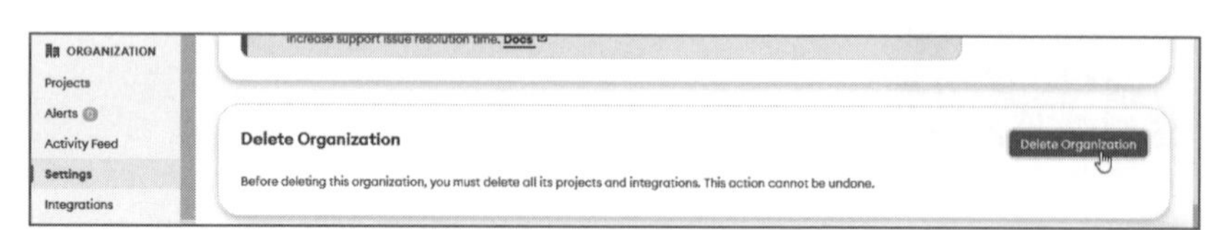

ここでも確認ダイアログボックスが現れるので、［Delete Organization］ボタンをクリックします。

④アカウントの削除

データベースを停止し、プロジェクトと組織を削除したので、これでアカウントを削除できます。右上のユーザ名のあるボタンから［Manage your MongoDB Account］（アカウントの管理）をクリックすることで、アカウントページのOverviewに遷移します。左メニューから［Profile Info］を選択します。

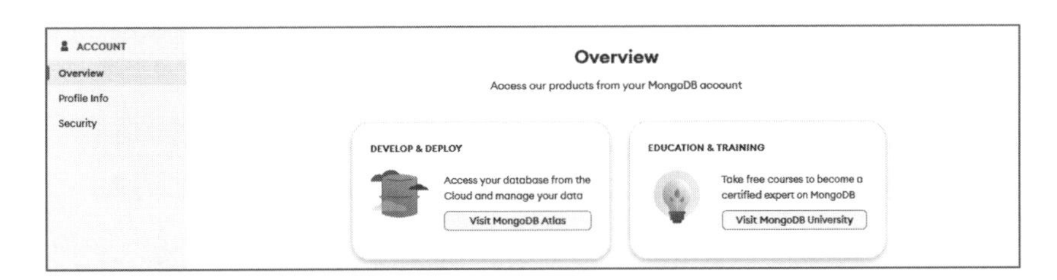

下端に［Delete Account］ボタンがあるので、クリックします。

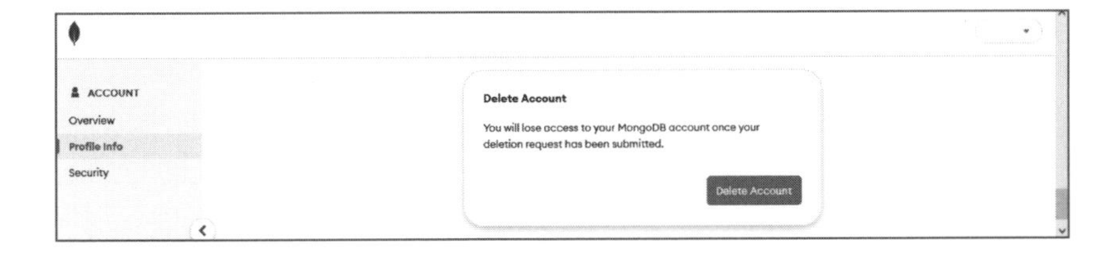

遷移先の「Delete MongoDB Account」ページ先頭には「Requirements」（削除の前提条件）セクションが示されていますが、気にしなくてかまいません。その下には「Acknowledgements」（確認）セクションにはいくつかのチェックボックスがあります。重要な点は、データが消去されるという点です。すべてのチェックボックスにチェックを入れると［Confirm Account Deletion］ボタンがアクティブになるので、クリックします。

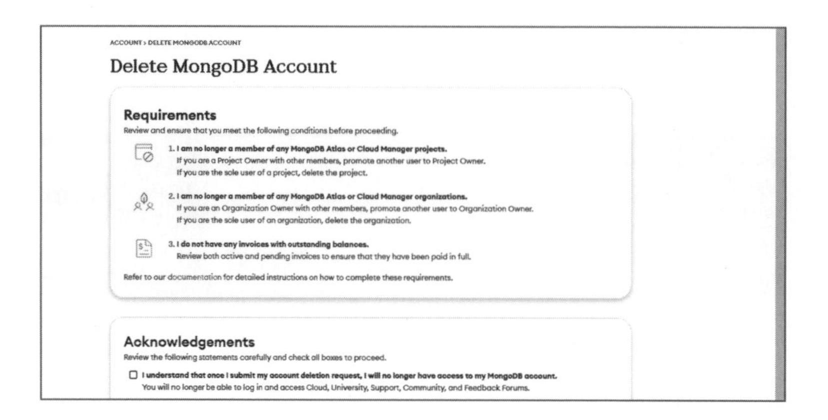

ここでも確認ダイアログボックスが現れるので、パスワードを投入して［Confirm］ボタンをクリックします。

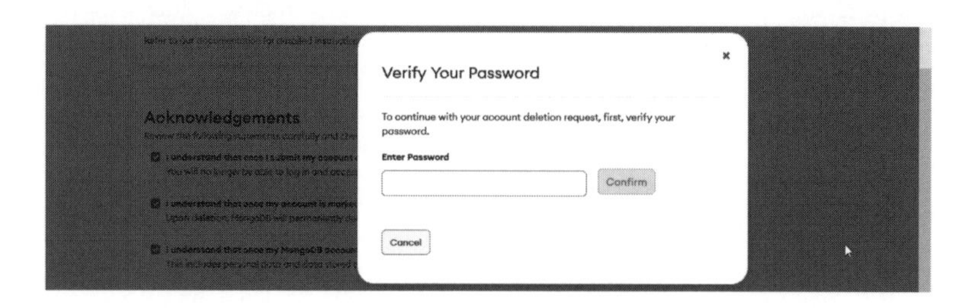

認証コードを示した確認メールが送られてくるので、その値を登場した確認ダイアログボックスに投入します。

これで削除完了です。

第9章
curl

本章では、コマンドライン志向のHTTPクライアントであるcurlの概要、導入手順、ドキュメントの読み方、基本的な用法を説明します。

9.1 概要

curl（おやつのカールと同じ発音）も、指定のURLからデータを取得するという機能面では、一般のウェブブラウザと変わりはありません。ただ、HTMLをレンダリングせず、テキストそのままにコンソールに出力します。

HTMLタグ混じりのテキストは読みにくいですし、画像やJavaScriptにいたってはもともと読めませんから、ネットの閲覧には向きません。しかし、HTTPメソッドやクエリパラメータを細かく制御したいときには、これほど便利なツールはありません。また、jqやgrepやsedといったUnixではおなじみのテキスト処理ツールに受信データをパイプできるので、簡単な処理をしたいときにも都合がよいです。

オフィシャルサイトのメインページは次のURLからアクセスできます。

```
https://curl.se/
```

curlそのものはたいていのプラットフォームに対応していますが、Windowsコマンドプロンプトでの実行は勧められません。クエリパラメータで用いられる特殊記号、JSON文字列をくくる二重引用符などをエスケープするのが、かなり面倒だからです。Windows Subsystem for Linux（WSL）あるいはPower Shellからのほうが楽です。

9.2 導入

Linux

Linux（WSL含む）にあらかじめ含まれているかはディストリビューションに依ります。なければ、aptやyumなどのパッケージマネージャからインストールします。リポジトリにあるものがやや古くとも、最新を追いかけているのでなければ問題にはなりません。

ダウンロードページの「Releases and Downloads」には、メインページ上部の［Download］タブからアクセスします（プルダウンメニューですが、メニューアイテムは無視してクリックする）。直接の URL は次のとおりです。

https://curl.se/download.html

ダウンロードページをスクロールしていくと、次の画面に示すように Linux バイナリのセクションがあります。1 列目が CPU アーキテクチャを、2 列目がバージョンを、右端がバイナリ提供元をそれぞれ示しています。バージョンの箇所をクリックすれば、それぞれのページに遷移します。

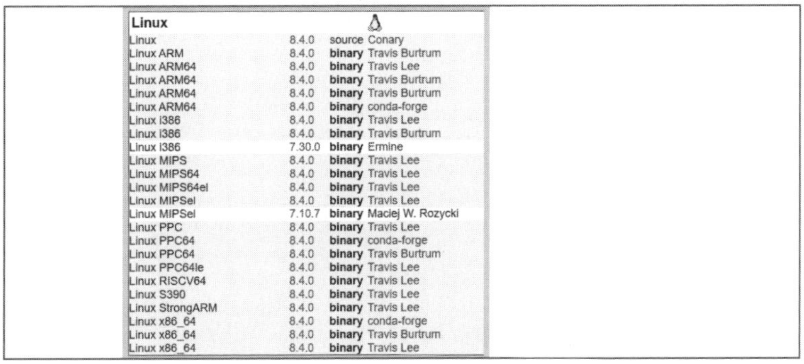

Linux			
Linux	8.4.0	source	Conary
Linux ARM	8.4.0	**binary**	Travis Burtrum
Linux ARM64	8.4.0	**binary**	Travis Lee
Linux ARM64	8.4.0	**binary**	Travis Burtrum
Linux ARM64	8.4.0	**binary**	Travis Burtrum
Linux ARM64	8.4.0	**binary**	conda-forge
Linux i386	8.4.0	**binary**	Travis Lee
Linux i386	8.4.0	**binary**	Travis Burtrum
Linux i386	7.30.0	**binary**	Ermine
Linux MIPS	8.4.0	**binary**	Travis Lee
Linux MIPS64	8.4.0	**binary**	Travis Lee
Linux MIPS64el	8.4.0	**binary**	Travis Lee
Linux MIPSel	8.4.0	**binary**	Travis Lee
Linux MIPSel	7.10.7	**binary**	Maciej W. Rozycki
Linux PPC	8.4.0	**binary**	Travis Lee
Linux PPC64	8.4.0	**binary**	conda-forge
Linux PPC64	8.4.0	**binary**	Travis Burtrum
Linux PPC64le	8.4.0	**binary**	Travis Lee
Linux RISCV64	8.4.0	**binary**	Travis Lee
Linux S390	8.4.0	**binary**	Travis Lee
Linux StrongARM	8.4.0	**binary**	Travis Lee
Linux x86_64	8.4.0	**binary**	conda-forge
Linux x86_64	8.4.0	**binary**	Travis Burtrum
Linux x86_64	8.4.0	**binary**	Travis Lee

ダウンロードファイルはたいていは tar.xz 形式なので、tar xvf で展開します。

```
$ tar xvf /mnt/c/Users/foo/Downloads/curl-static-amd64-8.4.0.tar.xz
```

外部ライブラリやインストール場所に依存していないので、どこに置いても実行できます。たいていは、/usr/bin や /usr/local/bin に置きます。

curl のバージョンはコマンドオプションの --version（ショートカットは -V）から調べられます。

```
$ curl --version
curl 8.4.0 (x86_64-pc-linux-gnu) libcurl/8.4.0 OpenSSL/3.1.2 zlib/1.3
  brotli/1.1.0 zstd/1.5.5 libidn2/2.3.4 libssh2/1.11.0 nghttp2/1.57.0
  ngtcp2/0.19.1 nghttp3/0.15.0
Release-Date: 2023-10-11
Protocols: dict file ftp ftps gopher gophers http https imap imaps mqtt pop3
  pop3s rtsp scp sftp smb smbs smtp smtps telnet tftp ws wss
Features: alt-svc AsynchDNS brotli HSTS HTTP2 HTTP3 HTTPS-proxy IDN IPv6
  Largefile libz NTLM SSL threadsafe TLS-SRP TrackMemory UnixSockets zstd
```

Windows

本書執筆時点の情報です。2024年1月31日に8.6.0がリリースされたので、状況は変化するかもしれません。

2017年12月以降、Windows 10および11にはC:\Windows\System32\curl.exeにデフォルトでインストールされています。ただし、HTTP/2とHTTP/3はサポートされていません。Microsoftバンドル版の詳細は「curl shipped by Microsoft」に書かれています。

https://curl.se/windows/microsoft.html

バンドル版のバージョン情報は次のとおりです。

```
C:\>curl.exe -V
curl 8.4.0 (Windows) libcurl/8.4.0 Schannel WinIDN
Release-Date: 2023-10-11
Protocols: dict file ftp ftps http https imap imaps pop3 pop3s
  smtp smtps telnet tftp
Features: AsynchDNS HSTS HTTPS-proxy IDN IPv6 Kerberos Largefile NTLM
  SPNEGO SSL SSPI threadsafe Unicode UnixSockets
```

やや古いWindowsで載っていない、あるいはHTTP/2も使いたいのなら、「curl 8.6.0 for Windows」からダウンロードします。現在、メインページ上部の［Download］タブからでは辿れないようなので、次のURLから直接アクセスします。

https://curl.se/windows/

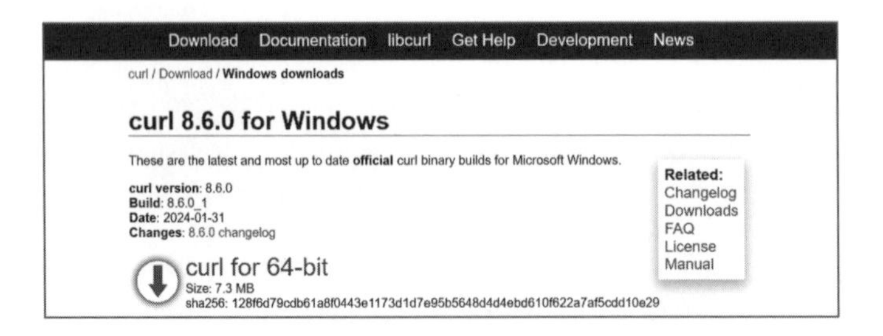

64ビット版をダウンロードします。ファイルはzipなので、展開して適当なところにディレクトリごと置きます（たとえばC:\Program Files\curl-8.6.0\）。curl.exeはbinディレクトリに収

容されています。

環境変数 PATH に加えるときは、C:\Windows\System32\curl.exe が先に実行されないよう、サーチパスの順序を考慮します。バンドル版は TrustedInstaller の所有なので、名前を変えたり削除したりするのは至難の業です。

9.3 ドキュメント

マニュアル（man ページ）はメインページ上端の［Documentation］プルダウンメニューから、「curl tools > curl man Page」で閲覧できます。直接の URL を次に示します。

https://curl.se/docs/manpage.html

A4 にプリントすると 84 ページになるくらい膨大な機能があります。

9.4 使いかた

HTTP GET だけなら、コマンド curl に URL を指定するだけです。本書ではローカル REST サーバへのアクセスばかりなので、localhost だけです。ただし、デフォルトポートの 80 ではなく、8080 を使っているので次のように実行します。

```
$ curl localhost:8080
```

プロトコル（スキーム）はデフォルトで http:// なので、HTTPS のときは明示的に https:// を加えなければなりません。デフォルトポートの 443 ではなく、8443 を使っているなら次のとおりです。

```
$ curl https://localhost:8443/
```

HTTP Basic Authentication で認証情報を送るときは、--user（ショートカットオプション表記なら -u）オプションを使います。ユーザ名とパスワードの間の区切り文字には : を使います。

```
$ curl https://localhost:8080/ --user renge:nyan-pass
```

パスワードの直書きは、コマンドプロンプトやターミナルに履歴が残るのでお勧めではありません。:以下を指定しなければ、プロンプトから入力が促されます。

```
$ curl https://localhost:8080/ --user renge
Enter host password for user 'renge':
```

本書で用いるオプションを次に示します(ロングオプション名順)。オプションは(競合がなければ)複数指定できます。ショートカットは、-s、-k、-u をまとめて -sku のように連結して書くことができます。ただし、引数が必要なオプションは末尾でしか指定できません。たとえば -iskH 'Content-Type: application/json' です。

ロング	ショートカット	説明
--data <data>	-d	データ <data> をサーバに送信。コマンドラインで JSON テキストを直書きするときは、文字列の二重引用符などシェルに消化される特殊文字に注意すること。込み入ったものは事前にファイルに書いておくと便利で、そのときは @file.json のようにファイル名の前に @ を先付けする。
--header <field: value>	-H	追加のリクエストヘッダを加える。フォーマットは HTTP ヘッダとまったく同じなので、フィールド名と値の間はコロン : で区切られる。値に二重引用符が必要なヘッダもあり、そのときは適切な引用符でくくるかエスケープする。
--include	-i	レスポンスヘッダも合わせて表示する(デフォルトでは表示されない)。
--insecure	-k	TLS/SSL でサーバ証明書に問題があっても無視する。
--location	-L	30x 応答のとき、指示されたリダイレクト先に自動的に再要求する(一般のブラウザと異なり、デフォルトでは転送はしない)。
--output <filename>	-o	レスポンスボディを指定のファイルに書き出す。あとでゆっくり解析するときに便利。標準出力に書き出したいときは、代わりにハイフン - を指定する。つまり、-o -。
--remote-name	-O	URL の末尾をファイル名にしてレスポンスボディをファイルに保存する。
--request <method>	-X	HTTP メソッド <method> を指定する(デフォルトは GET)。
--silent	-s	プログレスバーを表示しない。出力結果を jq や grep などのテキスト処理ユーティリティに投入するときには付けるべき。
--trace <filename>	なし	TLS のネゴシエーション、リクエストとレスポンスのヘッダといった、普通には出力されないすべてのトランザクションを指定のファイルに書き出す。コンソールに応答ボディとともに表示するなら - (ハイフン)を指定する。つまり --trace -。

ロング	ショートカット	説明
--verbose	-v	-i よりもいろいろと出力するが、--trace ほどおしゃべりではない。
--version	-V	バージョン情報を表示。OpenSSL など外部ライブラリの情報も示される。

9.5 エラーメッセージ

問題が発生すると、curl は独自のエラー番号とともに可読な文字列メッセージを返します。次のエラー例は、自己署名サーバ証明書を使っているサーバに -k オプションなしでアクセスしたときのものです。

```
$ curl https://localhost:8443/
curl: (60) SSL certificate problem: self-signed certificate
More details here: https://curl.se/docs/sslcerts.html

curl failed to verify the legitimacy of the server and therefore could not
establish a secure connection to it. To learn more about this situation and
how to fix it, please visit the web page mentioned above.
```

括弧に示された数値（ここでは 60）がエラー番号です。

エラーは、curl が水面下で利用している libcurl というライブラリが発しています。これらエラーのリストと説明は次の URL から確認できます。

https://curl.haxx.se/libcurl/c/libcurl-errors.html

9.6 用例

以下に、本書で示した用例を示します。

- curl localhost:8080 … 8080 番ポートで待ち受けている HTTP（平文）サーバにアクセスします。

- curl -k https://localhost:8443 … 8443番ポートで待ち受けているHTTPS（暗号化）サーバにアクセスします。サーバが怪しげな自己署名証明書を送ってきても無視して続行します（テスト以外では非推奨）。
- curl -i <url> … レスポンスヘッダも同時に出力します。
- curl -ik <url> … HTTPSで、怪しいサーバ証明書を無視してアクセスします。レスポンスヘッダも同時に出力します。
- curl -iL <url> … Locationレスポンスヘッダがあるとき、それに従って転送先に接続します。-iも併記しているので、最初の3xx転送ヘッダを含んだヘッダと、その転送先からのヘッダの2つが表示されます。
- curl -s <url> | od -t x1 … curlの出力を別のプロセスにパイプするに際し、プログレスメータを抑制します（ここでは16進ダンプのodにパイプしている）。
- curl -u <username> <url> … Authorization: Basicを介してユーザ名を送信します。パスワードは別途コンソールから入力します。
- curl -u <username>:<password> <url> … Authorization: Basicを介してユーザ名とパスワードを送信します。
- curl -H "Authorization: Bearer ${token}" <url> … JSON Web Token文字列を送信します。トークンはtoken変数にあらかじめセットされているとします（Bashの変数参照）。
- curl -X POST -H "Content-type: application/json" -d '{data}' <url> … JSONテキスト{data}をサーバに送信（POST）します。
- curl -X PUT -H "Content-type: application/json" -d @file.json <url> … JSONテキストを収容したfile.jsonの中身をサーバに送信（PUT）します。
- curl --compressed <url> … レスポンスボディを圧縮して送信するようにサーバに指示します（Accept-Encodingリクエストヘッダ）。受信した圧縮データは、curlが自動的に展開します。
- curl -so - <url> | od -t x1 … curlは出力データがバイナリだと、警告を上げてコンソールに出力しません。あえて出力させるには--output -を指定します。ここでは結果をodにパイプしているので、プログレスバー抑制の-sも併記します。
- curl --trace - <url> … リクエスト、TLSネゴシエーション、レスポンスなどすべての通信データをテキストと16進ダンプで示します。通信システムのデバッグ時に重宝します。
- curl -V … バージョン番号を表示。

第 10 章 OpenSSL

本章では、OpenSSL の概要と導入手順を示します。目的は自己署名証明書の作成にあるので、説明するのは膨大な機能のうちのその部分だけです。

10.1 概要

OpenSSLはTLS/SSLプロトコルを実装したオープンソースのソフトウェアです。ソフトウェアのメインは基盤となるライブラリですが、サーバ秘密鍵生成など操作用のコマンドラインツールも提供しています。

開発元（OpenSSL Software Foundation）のオフィシャルサイトのメインページは次のURLからアクセスできます。

```
https://www.openssl.org/
```

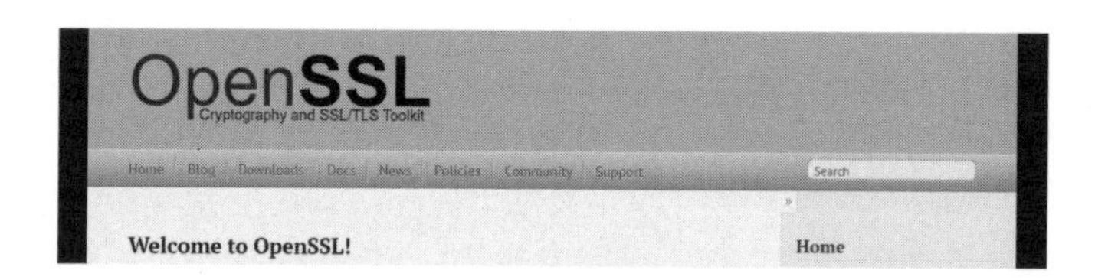

10.2 導入

Linuxならaptやyumなどのパッケージマネージャからインストールできますが、リポジトリのものはバージョンが古いこともあります。

オフィシャルサイトの［Downloads］ページにはソースしかありません。バイナリ提供元は、次のURLに示すOpenSSL Wikiのページに示されています。

```
https://wiki.openssl.org/index.php/Binaries
```

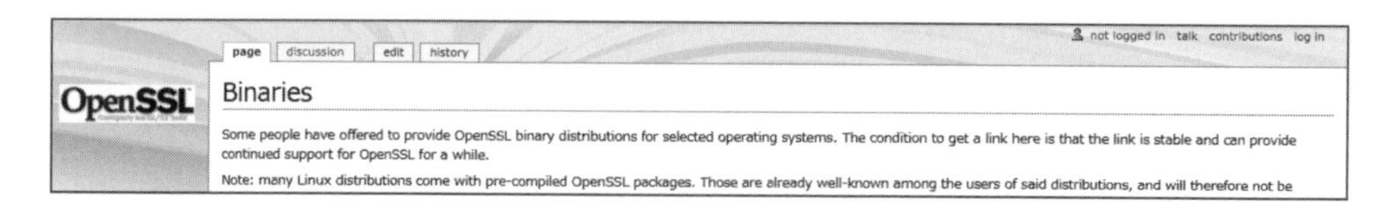

配布ファイルの形式はmsi、exe、zipなどサイトによって異なります。お好みのものを探してください。

本書執筆時点での最新版は3.2です。バージョンは、openssl versionから確認できます。

```
$ openssl version
OpenSSL 3.1.4 24 Oct 2023 (Library: OpenSSL 3.1.4 24 Oct 2023)
```

OpenSSLはセキィリティを必要とする多くのアプリケーションやシステムで用いられており、その広いカスタマーベースから多くのバグや脆弱性が頻繁に報告されます。そのため、セキュリティ重視のサイトではアップデートも頻繁です。しかし、本書のように開発用の自己署名証明書が必要なだけなら、最新版でなくても支障はありません。

10.3 ドキュメント

OpenSSLの公式ドキュメントは、残念ながら一見さんには使い勝手がよくないので（というより機能が豊富すぎて手に余る）、必要に応じて検索したほうが早いでしょう。

だいぶ使いこなせてきたと思ったら、次のURLからマニュアルページを参照してください。

`https://www.openssl.org/docs/manpages.html`

10.4 使いかた

HTTPSサーバに必要な自己署名のサーバ証明書の作成方法を示します。

サーバ証明書の作成には秘密鍵、公開鍵、証明書署名要求が必要なので、それらを順に作成します。このとき、暗号化アルゴリズム、鍵の長さ、ファイル形式などを指定しなければなりませんが(非常にいろいろあります)、ここではそれぞれ3DES、2048ビット、PEMを用います。

サーバ証明書自体はプラットフォームに依存しないので、Windowsで作成してLinuxで使う、あるいはその逆でもかまいません。

■ 秘密鍵生成

`openssl genrsa`コマンドから作成します。ファイル名は`ServerPrivate.key`とします。

```
$ openssl genrsa -des3 -out ServerPrivate.key 2048
Enter PEM pass phrase:
Verifying - Enter PEM pass phrase:
```

作成中にパスフレーズが求められます。なんでもかまいませんが、忘れないように。

■ 公開鍵生成

秘密鍵作成と要領は同じで、openssl genrsa コマンドから作成します。ファイル名は ServerPublic.key とします。

```
$ openssl genrsa -des3 -out ServerPublic.key 2048
Enter PEM pass phrase:
Verifying - Enter PEM pass phrase:
```

ここでも、作成時にパスフレーズが求められます。秘密鍵とは異なるものを指定します。

■ 証明書署名要求

openssl req コマンドから作成します。ファイル名は ServerCSR.csr とします。このとき、上記で作成した公開鍵（ServerPublic.key）を指定します。

```
$ openssl req -new -key ServerPublic.key -out ServerCSR.csr
Enter pass phrase for ServerPublic.key:
You are about to be asked to enter information that will be incorporated
into your certificate request.
What you are about to enter is what is called a Distinguished Name or a DN.
There are quite a few fields but you can leave some blank
For some fields there will be a default value,
If you enter '.', the field will be left blank.
-----
Country Name (2 letter code) [AU]:JP
State or Province Name (full name) [Some-State]:Tokyo
Locality Name (eg, city) []:Mitaka
Organization Name (eg, company) [Internet Widgits Pty Ltd]:Santama Software
Organizational Unit Name (eg, section) []:CEO
Common Name (e.g. server FQDN or YOUR name) []:
Email Address []:

Please enter the following 'extra' attributes
to be sent with your certificate request
A challenge password []:
An optional company name []:
```

最初に、公開鍵 ServerPublic.key を作成したときのパスフレーズが求められます。

続いて、このサーバの所在などのサーバ提供者の情報を入力していきます。なお、「自己署名」に正確な情報は必要ないので、適当でかまいません。

- Country Name ... 2 文字の国コード（ISO 3166-1 alpha-2）。日本なら JP、ニュージーランドなら NZ などです。
- State or Province Name ... 州や県の名前。Tokyo など。
- Locality name ... 市町村の名前。Mitaka など。
- Organization Name ... 組織の名前。 Asahigaoka Software など。
- Organizational Unix Name ... その組織内の部署名。Product Development など。
- Common Name ... サーバのドメイン名。www.example.com など。
- Email Address ... サーバ管理者のメールアドレス。foo@bar.com など。
- Challenge password ... 証明書を無効にするときに使うパスワード（仕様では定義されていても、実際に使われたことはほとんどない）。
- An optional company name ... 証明書を無効にするときに使う名称（同上）。

サーバ証明書

openssl x509 コマンドから作成します。ファイル名は ServerCertificate.csr とします。作成には、上記の秘密鍵（ServerPrivate.key）とそのパスフレーズ、そして証明書署名要求（ServerCSR.csr）が必要です。有効期限を -days オプションから指定しますが、ここでは 365 日としています。

```
$ openssl x509 -req -signkey ServerPrivate.key -in ServerCSR.csr \
    -out ServerCertificate.crt -days 365
Enter pass phrase for ServerPrivate.key:
Certificate request self-signature ok
subject=C = JP, ST = Tokyo, L = Mitaka, O = Asahigaoka Software, OU = CEO
```

確認

以上で公開鍵、秘密鍵、証明書署名要求、サーバ証明書の 4 つのファイルが作成されました。ディレクトリをみれば、これらが生成されたことが確認できます。

```
$ ls
ServerCertificate.crt          ServerCSR.csr
ServerPrivate.key              ServerPublic.key
```

本書で必要な秘密鍵とサーバ証明書の中身を確認するには、それぞれの OpenSSL コマンドで、-text オプションから入力をテキスト出力をするよう指示します。

まずは秘密鍵です。作成時に指定したパスフレーズが必要です。

```
$ openssl rsa -text -in ServerPrivate.key
Enter pass phrase for ServerPrivate.key:
Private-Key: (2048 bit, 2 primes)
modulus:
    00:9b:37:6d:9e:9e:b0:fb:32:fe:c0:52:eb:c6:c8:
    c6:84:76:c1:59:ec:0e:81:9d:93:94:79:ba:2a:dd:
   ⋮
writing RSA key
-----BEGIN PRIVATE KEY-----
MIIEvQIBADANBgkqhkiG9w0BAQEFAASCBKcwggSjAgEAAoIBAQCbN22enrD7Mv7A
UuvGyMaEdsFZ7A6BnZOUeboq3Uql3ikQopS2RuNRPdIVOygyMC9SXYYTtjoo6Ua5
bLLrV2HRmyxx6hebbNdLETL9s4IYf19V1cSCw87eZZrGSXnY2EQvtVcskkL1BOC1
 ⋮
cx+bwbf9TTpDb24SsM3PQM95tCE9uwmlCHvZhD1Bmr4Byqpr5MjVnIauZurGQoYd
kj1p7Q7nj/LLnLTQftoAVnEqe05mjYi8i/fgg7GIFeyUAf6IZwEOeqNMMVfdulW6
SDiy2LSHvOPnJA0ZPehPISg=
-----END PRIVATE KEY-----
```

末尾に PRICATE KEY と題された BEGIN と END の囲われた領域に、英数文字と一部の記号で書かれたバイナリデータがあればできています。

続いてサーバ証明書です。

```
$ openssl x509 -text -in ServerCertificate.crt
Certificate:
    Data:
        Version: 1 (0x0)
        Serial Number:
   ⋮
-----BEGIN CERTIFICATE-----
MIIDNTCCAh0CFCXV1h0Xbp2lfGh21WtDBLTVWeslMA0GCSqGSIb3DQEBCwUAMFcx
CzAJBgNVBAYTAkpQMQ4wDAYDVQQIDAVUb2t5bzEPMA0GA1UEBwwGTWl0YWthMRkw
```

```
FwYDVQQKDBBTYW50YW1hIFNvZnR3YXJlMQwwCgYDVQQLDANDRU8wHhcNMjMxMTI5
 ⋮
B0I9gdUpxFcSSHWB1lbzi0oWE6eF6YbmjuWvY9sBRZTsgCTeJBcPY2HtBgL8buJw
xxHv9vX/UEvtfLZfIdhrDp7XG4TIB3tffE63JMyiomdhQEkBsZGP1/IwXTeVjm+B
nBttGq8MpoGs
-----END CERTIFICATE-----
```


末尾に CERTIFICATE と題された BEGIN と END の囲われた領域に、英数文字と一部の記号で書かれたバイナリデータがあればできています。

10

付録

参考文献

本書で参照したオンラインドキュメントをアルファベット順に示します。引用元の章節の番号は括弧に示してあります。

[●] は日本語、[🇺🇸] は英語のドキュメントです。オリジナルは英語でも、公式非公式を問わず和訳のあるものは、そちらのURLを記載しています。

- Apache: ab - Apache HTTP server benchmarking tool（2.3）[🇺🇸] `https://httpd.apache.org/docs/2.4/programs/ab.html`
  Apache Webサーバに同梱されているWebサーバベンチマークツール。ネットワークエンジニアに愛されて使われています。

- Apache: Downloading the Apache HTTP Server（2.3）[🇺🇸] `https://httpd.apache.org/download.cgi`
  Apacheサーバのダウンロード元。

- curl（9.1）[🇺🇸] `https://curl.se/`
  ネットワークエンジニア御用達のコマンドライン志向のHTTPクライアント。

- curl.1 the man page（9.3）[🇺🇸] `https://curl.se/docs/manpage.html`
  curlのマニュアル。

- curl 8.6.0 for Windows（9.2）[🇺🇸] `https://curl.se/windows/`
  Windows 10および11用のバイナリ。

- curl Releases and Downloads（9.2）[🇺🇸] `https://curl.se/download.html`
  `curl`のダウンロード。たいていのプラットフォームのバイナリが揃っています。

- curl shipped by Microsoft（9.2） https://curl.se/windows/microsoft.html
  Windows 10 および 11 にバンドルされている curl への注意事項（HTTP/2 が使えないなど）。

- DB-Engines Ranking（8.1） https://db-engines.com/en/ranking
  リレーショナル、NoSQL どちらもまとめた人気ランキングを掲載しています。ランキングのスコアは 1）Google/Bing の検索ヒット数、2）Google Trends、3）Indeed など求職サイトでの求職数、4）LinkedIn でそのデータベースを専門としている人の数、5）Twitter/X でデータベースが言及されている数、から決定されています。

- Github delvedor/find-my-way（1.2） https://github.com/delvedor/find-my-way
  Restify がルーティング情報管理に用いている find-my-way というサードパーティーパッケージの Github ページ。

- Github restify/node-restify（6.3） https://github.com/restify/node-restify
  Restify のソース。コードは lib ディレクトリ配下にあります。シンプルな構成なので、必要なものは簡単に見つかります。

- Github restify/node-restify: Releases（6.2） https://github.com/restify/node-restify/releases
  Restify のリリースノート。Node.js の各バージョンへの対応状況、大幅な変更（Breaking changes）があったかなどが確認できます。

- Google JavaScript Style Guide（C.4） https://google.github.io/styleguide/jsguide.html

Google が開発で使っている JavaScript のスタイルガイド。

- Google JSON Style Guide（C.4） https://google.github.io/styleguide/jsoncstyleguide.xml

Google が開発で使っている JSON のスタイルガイド。

- IANA: Hypertext Transfer Protocol (HTTP) Method Registry（1.1） https://www.iana.org/assignments/http-methods/http-methods.xhtml
  現在登録されているすべての HTTP メソッドのリスト。

付
録

- IANA: Hypertext Transfer Protocol (HTTP) Status Code Registry（1.5） `https://www.iana.org/assignments/http-status-codes/http-status-codes.xhtml`
  現在登録されているすべてのHTTPステータスコードのリスト。

- IANA: Media Types（4.4） `https://www.iana.org/assignments/media-types/media-types.xhtml`
  現在登録されているすべてのメディア種別のリスト。

- JPNICニュースレター「HTTP/2とは」（7.1） `https://www.nic.ad.jp/ja/newsletter/No68/0800.html`
  日本ネットワークインフォメーションセンター（JPNIC）のHTTP/2に関する簡潔にしてわかりやすい記事。これより詳しいことを知りたいなら、RFC 9113を参照してください。

- jwt.io（2.5） `https://jwt.io/`
  クラウド型認証プラットフォームのAuth0が運営しているオンラインJWTのデコーダ。

- libcurl error codes（9.5） `https://curl.haxx.se/libcurl/c/libcurl-errors.html`
  curlが上げるエラーの名称と説明。

- MDN: for await ... of（3.2） `https://developer.mozilla.org/ja/docs/Web/JavaScript/Reference/Statements/for-await...of`
  イテラブル（反復可能）なオブジェクトが非同期的に要素を返すときのループの組み方。

- MongoDB Atlas（8.2） `https://www.mongodb.com/ja-jp/atlas/database`
  MongoDB Atlasのトップページ。ここからユーザ登録をし、データベースインスタンスを起動します。

- MongoDB Atlas login（8.4） `https://account.mongodb.com/`
  MongoDB Atlasのログインページ。

- MongoDB Manual > Introduction > BSON Types > Comparison/Sort Order（3.3）
  `https://www.mongodb.com/docs/manual/reference/bson-type-comparison-order/`
  MongoDB内部のデータ表現であるBSON（Binary JSON）の値比較の詳細。

- MongoDB Manual > Reference > MongoDB Limits and Thresholds（8.4） https://www.mongodb.com/docs/manual/reference/limits/
MongoDB の各種制約条件。データベース、コレクション、フィールドなどの名称に用いることのできる文字については Naming Restrictions」項を参照してください。

- MongoDB Manual > Reference > Operators（8.4） https://www.mongodb.com/docs/manual/reference/operator/
MongoDB のフィルタで使える各種演算子。おおむね、普通に使える演算子の頭に $ を付けた恰好になっています。

- MongoDB Manual > Reference > Operators > Query and Projetion Operators > Evaluation Query Operators > $regex（8.4） https://www.mongodb.com/docs/manual/reference/operator/query/regex/
MongoDB 正規表現の記法。

- MongoDB Manual > Reference > Operators > Update Operators > Field Update Operators（3.7） https://www.mongodb.com/docs/manual/reference/operator/update-field/
MongoDB の `Collection.update()` で用いるフィールド更新演算子のリスト。

- MongoDB Manual > Security > Role-Based Access Control > Built-In Roles（8.5） https://www.mongodb.com/docs/manual/reference/built-in-roles/
MongoDB にデフォルトで用意されているユーザ役割（ロール）を説明する文書。

- MongoDB Node Driver（8.3） https://www.mongodb.com/docs/drivers/node/
MongoDB の Node.js ドライバ（mongodb パッケージ）のドキュメント。

- MongoDB Node Driver（Github）（8.3） https://mongodb.github.io/node-mongodb-native/
MongoDB の Node.js ドライバ（mongodb パッケージ）の API リファレンス。

- MongoDB Pricing（8.1） https://www.mongodb.com/pricing
MongoDB Atlas にかかる費用です。プロダクションに利用する、あるいはそこそこおおきなデータを扱うのでなければ、無償版（Shared）でかまいません。

- MongoDB（8.3）https://www.mongodb.com/
  MongoDBのトップページ。日本語が表示されるのは最初だけで、あとは全部英語です。

- Node.js（5.1）https://nodejs.org/
  JavaScript処理エンジンのNode.jsのメインページ。

- Node.js documentation（5.3）https://nodejs.org/en/docs/
  Node.jsの公式API参照ドキュメント。

- Node.js Release Working Group（5.2）https://github.com/nodejs/Release
  Node.jsの開発チームが公開しているリリースとサポート終了（EOF）の予定。

- npm cli コマンド（5.5）https://docs.npmjs.com/cli/
  Node.jsパッケージマネージャのnpmのコマンドリファレンス。

- npm jsonwebtoken（2.5）https://www.npmjs.com/package/jsonwebtoken
  JWT（Json Web Token）をエンコーディング／デコーディングするnpmパッケージ。

- npm restify-clients（4.5）https://www.npmjs.com/package/restify-clients
  Restify開発陣が提供するHTTPクライアント用パッケージ。本体には同梱されていない点に注意。

- OData（3.3）https://www.odata.org/
  OData（Open Data Protocol）はREST APIを設計するに際してのベストプラティスの集合体です。

- OData > Basic Tutorial（3.3）https://www.odata.org/getting-started/basic-tutorial
  ODataの`$top`や`$select`などのクエリオプションをさくっと理解するにはここが便利です。

- OpenSSL（10.1）https://www.openssl.org/
  OpenSSLのメインページ。本書では、HTTPSサーバに組み込む自己署名証明書を生成するのに用います。

● OpenSSL Manpages（10.3）🇺🇸 https://www.openssl.org/docs/manpages.html
OpenSSL マニュアルページ。バージョン単位に分かれているので、自分のバージョンのリンクをクリックします。

● OpenSSL Wiki Binaries（10.2）🇺🇸 https://wiki.openssl.org/index.php/Binaries
OpenSSL のバイナリディストリビューションのリスト。

● PCRE（Perl Compatible Regular Expressions）（8.4）🇺🇸 https://www.pcre.org/
PCRE の仕様はこちらから。もっとも、ここをチェックしなければならなくなるのはよほどのコーナーケースで、そして、そういうトリッキーなことをやっていたなら、その人はすでにアグリッパやフランメ級の魔術師です。

● Restify（6.1）🇺🇸 http://restify.com/
Node.js 用 REST サーバ構築フレームワークである Restify のメインページ。

● Restify: Docs（6.3）🇺🇸 http://restify.com/docs/home/
Restify ホームのドキュメントページ。

● Restify: Formatters docs（4.4）🇺🇸 http://restify.com/docs/formatters-api/
Restify のメディア変換関数（formatters）のドキュメント。メインのドキュメントからなぜか外れているため、直接アクセスしなければなりません。

● RFC 3986: Uniform Resource Identifier (URI): Generic Syntax（1.2）🇺🇸 https://www.rfc-editor.org/info/rfc3986
URI（URL と同じものと考えて問題ありません）の構成を説明した仕様書。

● RFC 4648: The Base16, Base32, and Base64 Data Encodings（2.1）🇺🇸 https://www.rfc-editor.org/info/rfc4648
`Authorization: Basic` で認証情報部分をエンコードする Base64 方式の説明。

● RFC 5789: PATCH Method for HTTP（1.1）🇺🇸 https://www.rfc-editor.org/info/rfc5789
RFC 9110 には含まれていない HTTP `PATCH` メソッドの仕様。

付録

- RFC 6234: US Secure Hash Algorithms (SHA and SHA-based HMAC and HKDF)（2.2）
  https://www.rfc-editor.org/info/rfc6234
  ハッシュアルゴリズムのSHA-256の説明。

- RFC 6585: Additional HTTP Status Codes（2.3） https://www.rfc-editor.org/info/rfc6585
  メインのRFC 9110には記載されていない、追加のステータスコードの仕様（428、429、431、511）。

- RFC 6750: The OAuth 2.0 Authorization Framework: Bearer Token Usage（2.5）
  https://www.rfc-editor.org/info/rfc6750
  `Authorization: Bearer`を介したトークンの送信方法を定義した仕様。

- RFC 7519: JSON Web Token (JWT)（2.5） https://www.rfc-editor.org/info/rfc7519
  JSON Web Tokenの仕様。

- RFC 7617: The Basic HTTP Authentication Scheme（2.1） https://www.rfc-editor.org/info/rfc7617
  `Authorization: Basic`を介したトークンの送信方法を定義した仕様。

- RFC 8259: The JavaScript Object Notation (JSON) Data Interchange Format（C.1）
  https://www.rfc-editor.org/info/rfc8259
  JSONの仕様書。

- RFC 9110: HTTP Semantics（1.1） https://www.rfc-editor.org/info/rfc9110
  HTTPバージョン1.1および1.2に共通した仕様。長いこと親しまれてきたRFC 2616およびRFC7231はこのドキュメントにより無効化されたので、こちらを参照してください。以前のRFCとの差分も詳しく書かれています。

- RFC 9112: HTTP/1.1（7.2） https://www.rfc-editor.org/info/rfc9112
  HTTPバージョン1.1固有の仕様。各バージョンで共通なところはRFC 9110（文法）とRFC 9111（キャッシュ）にまとめられています。

- RFC 9113: HTTP/2（7.4） https://www.rfc-editor.org/info/rfc9113
  HTTPバージョン2固有の仕様。各バージョンで共通なところはRFC 9110（文法）とRFC 9111（キャッシュ）にまとめられています。

- Unixマニュアルページ（signal）（1.5） https://ja.manpages.org/signal/7
  Unix man pagesの日本語訳。

- Wikipedia「JSON Web Token」（2.5） https://ja.wikipedia.org/wiki/JSON_Web_Token
  JSONデータに署名や暗号化を施す方法を規定した標準。

- Wikipedia「Markdown」（4.4） https://ja.wikipedia.org/wiki/Markdown
  軽量マークアップ言語のMarkdownの記事。

- Wikipedia「トークンバケット」（2.3） https://ja.wikipedia.org/wiki/トークンバケット
  データトラフィックの流量制限アルゴリズムであるトークンバケットの記事。

付録B スクリプトリスト

本書で説明したスクリプトのリストをファイル名のアルファベット順で示します。
括弧には引用している章節の番号を示しています。

ファイル名	章節番号	説明
access-accept.js	2.4	特定のメディア種別だけを受け付けるRESTサーバ。acceptParserプラグイン使用。
access-basicauth.js	2.1	Authentication: Basicでユーザを認証するHTTPS RESTサーバ。ユーザ名とパスワードはハードコード。authorizationParserプラグイン使用。
access-control.js	2.2	ユーザ単位に許可されるメソッドを設定できるHTTPS RESTサーバ。認証情報はローカルファイルに収容。Authorization: BasicヘッダおよびauthorizationParserプラグイン使用。
access-jwt.js	2.5	JWT(JSON Web Token)を使用したRESTサーバ。jsonwebtokenパッケージ（npm）使用。ボディの解析にはparseBodyプラグインを使用。
access-throttle.js	2.3	トラフィック流量制限付き（同時にアクセスできる最大セッション数が10）のHTTP RESTサーバ。throttleプラグイン使用。
mongo-admin.js	3.6	コレクションおよびデータベースの名称の取得と変更をするRESTサーバ。
mongo-auth.js	3.7	データベース上のパスワードを変更するRESTサーバ。
mongo-delete.js	3.5	クエリオプションで指定した条件式にマッチするドキュメントを1つ削除するRESTサーバ。
mongo-get.js	3.2	MongoDBをバックエンドデータベースにしたGET対応RESTサーバ。コレクションのskuフィールド値をエンドポイントの末端に指定。
mongo-post.js	3.4	MongoDBをバックエンドデータベースにしたPOST対応RESTサーバ。
mongo-query.js	3.3	count、select、orderBy、topというクエリパラメータからコレクションをフィルタリングするRESTサーバ。
node-client.js	7.5	シンプルなHTTP/HTTPSクライアント（Node.jsネイティブ）。
node-http.js	7.2	シンプルなHTTPサーバ（Node.jsネイティブ）。
node-http2.js	7.4	シンプルなHTTP/2サーバ（Node.jsネイティブ）。
node-https.js	7.3	シンプルなHTTPSサーバ（Node.jsネイティブ）。
others-client.js	4.5	RestifyのJsonClientを用いたHTTPクライアント。

ファイル名	章節番号	説明
others-formatter.js	4.4	text/html と text/markdown へのメディア変換関数を装備したサーバのコード。
others-gzip.js	4.3	レスポンスボディを圧縮して返送する REST サーバ。gzipResponse プラグイン使用。
others-redirect.js	4.2	古いエンドポイント /old/xxx がリクエストされたら /new/xxx を指した 301 Moved Permanently を返す REST サーバ。
others-static.js	4.1	静的なドキュメントファイルを提供する HTTP サーバ（REST ではない、普通の Web サーバ）。
rest-endpoint.js	1.2	エンドポイントを固定文字列、パラメータ記法（:xxx)、ワイルドカード（*）の 3 種類の方法で記述してルーティングを構成した REST サーバ。
rest-http.js	1.1	HTTP/1.1 対応の最もシンプルな REST サーバ。
rest-http2.js	1.7	HTTP/2 REST サーバ。自己署名証明書使用。
rest-https.js	1.6	お仕着せなメッセージを GET に返すだけのシンプルな HTTPS サーバ。自己署名証明書使用。
rest-post.js	1.5	ファイルにデータセットを保持し、POST を受けるとそのデータを更新する REST サーバ。
rest-query.js	1.4	クエリ文字列(?name=value)を解析し、そのプロパティ値を含むオブジェクトだけを返す REST サーバ。qurryParser プラグイン使用。
rest-sanitize.js	1.3	sanitizePath プラグインを使って、URL のパス部分のスラッシュを整理します。
restify-chain.js	6.4	Restify の処理ハンドラおよびプラグインの動作タイミングを示すためのスクリプト。
util-ab.js	2.3	バースト状にサーバにアクセスする負荷テスト用 HTTP クライアント。Apache ab がないときの代替品。
util-hash.js	2.2	平文から SHA-256 ハッシュを生成するユーティリティ。

付録

付録C JSON

本付録では、JSON の仕様および注意事項を示します。

C.1 JSONとは

JSON は「JavaScript Object Notation」（JavaScript オブジェクト記法）の略で、データを保存したりアプリケーション間で交換するためのフォーマットです。データはテキスト（文字）で記述されるので、メモ帳や vi などのテキストエディタから閲覧、編集ができます。

次の例は、在庫品目を記述した JSON テキストです。

```
{
  "name": "Asahi Super Dry",
  "quantity": 24,
  "size": 330,
  "price": 47.99,
  "container": "bottle",
  "type": "lager"
}
```

中カッコ {} でくくられたこの 1 品のデータ全体をオブジェクト、それぞれの行をプロパティといいます。プロパティはそれぞれ名前（キー）と値をコロン：で挟んで構成されます。値は 1 行目の文字列、2 行目の数値など、いろいろなデータ型で記述できます。

もともとはウェブブラウザで用いられるプログラミング言語の JavaScrpt でデータを記述するために規定されたものですが、簡便さが評価され、REST サーバだけでなく、多くのアプリケーションで利用されています。

仕様は次に URL を示す RFC 8259「The JavaScript Object Notation (JSON) Data Interchange Format」に記述されています。

https://www.rfc-editor.org/info/rfc8259

以下、JSON テキストを構成する要素を説明します。

C.2 JSON テキスト

基本型

JSON の仕様で表現されたテキストデータを JSON テキスト（JSON text）と呼びます。JSON データや単に JSON と呼ばれることもあり、どう呼ぶかはあまり気にしなくてもよいです。

JSON テキストには文字列、数値、真偽値（`true`/`false`）、`null`、オブジェクト、配列の値（value）を記述できます。"insalata" などの文字列や、7.50 のような数値のように値単体でも立派な JSON テキストです。

文字列、数値、真偽値、`null` を基本型（primitive type）といいます。オブジェクトと配列はこれら基本型を構造化した（組み合わせた）ものです。

文字

JSON テキストは「テキスト」なので、すべて文字（character）で記述されます。数値も文字です。たとえば、数値の `0x01`（1）は `0x31`（"1"）で表現されます。文字コードには Unicode を用います。

Unicode 文字のエンコーディングには UTF-8 を用います。仕様上は推奨ですが、これ以外を用いる理由はどこにもありません。

使用できる Unicode 文字に、一部の例外を除いて制限はありません。これらは文字列をくくるために用いられる二重引用符 "、エスケープで用いられるバックスラッシュ \、そして制御文字である `0x00` から `0x1F` までの文字です。これらは \ でエスケープして表現します。つまり、二重引用符は \"、バックスラッシュは \\ です。

文字列

文字列（string）は Unicode 文字の羅列を二重引用符 " でくくったものです。たとえば、"risotto" や " リゾット " です。1 文字であっても二重引用符でくくらなければなりません。引用符なしや単一引用符 ' では文字列として認識されません。

Unix シェルで JSON 文字列を扱うときは、二重引用符でくくった文字列そのものをさらに単一

付録

引用符でくくることで、二重引用符が消費されないようにしなければなりません。とくに、curl の -H でヘッダを指定したり、-d で送信データを記述するときなどです。

```
$ curl -X POST localhost -d '{"name": "Suginishiki"}'
```

マルチバイト文字はそのまま書いても、先頭に \u の 2 文字を加えた 16 進表記の Unicode 文字コードを用いてもかまいません（u は必ず小文字）。16 進数の A から F は大文字と小文字のどちらでも受け付けます。たとえば、" 牛肉 " は Unicode で U+725b と U+8089 なので、"\u725b\u8089" と書きます。

数値

数値は引用符なしの 10 進数表記の数字（0 〜 9）で表現します。16 進数や 2 進数などにある桁数あわせの先頭の 0 は加えられません。

負数にはマイナス - 記号を加えます。プラス + 記号は加えません。

実装系によっては、先頭 0 付きやプラス付き数値を許容してくれるものものあります。ただ、それら数値を対象とした演算によっては挙動が不安定になったりすることもあるので、避けたほうがよいでしょう。

小数点はドット . で表現します。整数部が 0 のときは 0 を省いて . から始めてもかまいません。6.67430×10^{-11} のような指数は、コンピュータ言語で一般的な仮数部（×の左側）と指数部（右側の 10 の肩に乗った数）を文字 E でつないで表現します。小文字の e でもかまいません。E につづく指数部の値には + あるいは - を指定します。たとえば、6.6743015e-11 や 7.34581E+22 です。

無限（infinite）や非数（Not a number: NaN）など、数字以外の特殊な数は扱えません。

真偽値

真偽値（Boolean）はリテラルで true（真）または false（偽）で、必ず小文字です。Python や C の気分で False や TRUE とすると真偽値とは判断されません。

null

null はオブジェクトが存在しないことを示す特殊な値で、これも小文字で記述します。

そこになにもないという状態は空文字 ""、数値の 0、カラの配列 []、カラのオブジェクト {} とは違うものなので、注意して使ってください。

■ 空白文字

空白文字（white space）はスペース（0x20）、水平タブ（HT; 0x09）、改行（LF; 0x0A）、復帰（CR; 0x0D）です。

オブジェクトや配列では、要素の間に空白文字を入れられますが、なくてもかまいません。どちらかというとヒト向けよりはコンピュータ向けなRESTサービスでは、通信量削減のために空白文字はしばしば省れます。たとえば、JSON.stringify()の出力は空白文字を含みません。

■ オブジェクト

オブジェクト（object）は開き中カッコ{、プロパティ、閉じ中カッコ}の3点で構成されます。収容するプロパティが複数あるときは間をカンマ,で区切ります。上述のように、これら要素の間には空白文字を入れられます。プロパティのまったくないオブジェクト（{}だけ）も立派なオブジェクトです。最後のプロパティ末尾にはカンマは付きません。

```
{
  "name": "suginishiki",
  "company": "杉井酒造",
  "location": "静岡県藤枝市"                    // ここにカンマはない
}
```

プロパティが複数収容されているときの登場順序に仕様上は意味はありません。

■ オブジェクトのプロパティ

プロパティ（property）はプロパティ名（キー）、コロン:、値で構成されます。プロパティ名は文字列でなければなりませんが、文字列であればなんでもかまいません。文字列なので、二重引用符でくくります。JavaScriptのように引用符を省いたり、単一引用符で代用することは認められていません。値はどの基本型でも有効で、オブジェクト（入れ子のオブジェクト）や配列でもかまいません。

同名のプロパティ名は仕様違反ではありません。処理方法は処理系依存ですが、たいていは最後に定義されたプロパティが採用されます。

■ 配列

配列（array）は開き角カッコ[、値、閉じ角カッコ]の3点で構成されます。オブジェクト同様、値が複数あるときはカンマ,で区切ります（最後の値の末尾には付けない）。配列に収容されている値を要素（element）といいます。値はJSONで有効な基本型ならなんでもかまわず、もちろんオブジェクトや別の配列（入れ子の配列）もOKです。値のない配列[]もありです（要素なしのカラ配列）。

オブジェクトと異なり、登場順序には意味があります。配列内におなじ値があってもかまいません。

```
["est", "est", "est"]                    // 同じ値が3つ
```

配列要素の番号は0からカウントします。

■ コメントはない

JSONにはコメントはありません。

本書では、紙面記載時に注意点をコメント風に記述していますが（//や#)、これらはJSONとしては不正なので、`JSON.parse()`はエラーを上げます。

C.3 JSONファイル

JSONテキストのファイル拡張子には.jsonを使うのが一般的ですが、実行上はなんでもかまいません。特殊な処理は必要ありません。テキストエディタでJSONを記述してそのまま保存するだけです。

JSONはBOM付きテキストをサポートしていないので、ファイルをUTF-8として保存するときはBOMなしを指定します。

BOMはByte Order Mark（バイトオーダーマーク）の略で、ファイル中の文字コードを認識するためにファイル先頭に追加されたバイト列です。UTF-8ではEF BB BFです。次の例は、カタカナ数文字をBOMありとなしでそれぞれ保存したファイルをUnixのodコマンドから16進数で表示したもので、前者に3バイトのBOMがあることを除けば、残りはおなじなことがわかります。

```
$ od -t x1 WithBom.txt                                  # BOMあり
0000000 ef bb bf e3 82 b9 e3 83 91 e3 82 b2 e3 83 86 e3  # ef bb bf で始まる
0000020 82 a3

$ od -t x1 WithoutBom.txt                               # BOMなし
0000000 e3 82 b9 e3 83 91 e3 82 b2 e3 83 86 e3 82 a3
```

日本語版 Windows のメモ帳での UTF-8 文字の保存では、BOM のありなしが選択できます。デフォルトは BOM なしなので、妙な操作さえしなければ、問題は発生しません。

C.4 プロパティ名の命名規則

プロパティ名は文字列ならなんでもよいと述べましたが、他のプラットフォームやアプリケーションから JSON データを利用することを考えると、特殊文字を含んだり、処理系の命名規則や処理方式に反しそうな名前は避けるべきです。とくに、Windows コマンドプロンプトから込み入った JSON テキストを適切にエスケープするのは至難の業です。

命名規則にはいろいろなものがありますが、ここでは Google が自社開発で用いている JSON スタイルガイドを紹介します。

- 意味がわかるような名前付けをすること。
- 値が複数のものには複数形を使う（値が配列ならプロパティ名は複数形）。
- 先頭の文字にはアルファベット、アンダースコア _、ドル記号 $ のいずれかを用いる。
- 先頭以降の文字にはアルファベット、数字、アンダースコア _、ドル記号 $ を用いる。
- JavaScript の予約語（たとえば object）は避ける。
- 単語連結には camelCase を用いる。

複数形は、考え始めるとなかなか難しいです。Google スタイルガイドも、要素の数を示すのに totalItems（複数）にすべきか、totalItem（単数）にすべきか悩んでいます。要素は複数あっても、数自体は 1 つだけだからです。そこで、totalCount という回避策を提案しています。英語力が問われるため、やや敷居が高いです。

先頭文字はアルファベットのみとしたほうがよいでしょう。アンダースコア _ は慣習的にコードの内部変数を指すことが多く、ドル $ は MongoDB の（$gte などの）演算子で使われているからです。

camelCase（キャメルケース）は、複数の単語を連結して 1 つの単語を作成するときの命名作法です。具体的には、最初の単語がすべて小文字で、残りの単語は先頭だけ大文字化してあとは小文字にします。たとえば、insalata di cesare は insalataDiCesare です。

悩ましいのは、単語の先頭あるいは全文字がすでに大文字（Tom や HTTP など）である、あるいはアポストロフィ ' やハイフン - などの役物が入っている（Tom's や brother-in-law）ときです。Google の JavaScript スタイルガイドは次の方法を推奨しています。

1. ターゲットの単語リストから役物をすべて抜く。
2. 単語がすでに複数語で構成されているなら、もとの単語に分解する（たとえば OpenSSH は Open と SSH に分解）。
3. すべて小文字にする。
4. camelCase または CamelCase のルールにしたがって先頭文字を大文字化して連結する。

やや情け容赦のない気もします。

Google の JSON スタイルガイドは次の URL からアクセスできます。目次が表形式になっているので、プロパティ名については左手の「Property Name Guidelines」を参照してください。

```
https://google.github.io/styleguide/jsoncstyleguide.xml
```

Google JavaScript スタイルガイドはこちらです。camelCase は 6.3 節で語られています。

```
https://google.github.io/styleguide/jsguide.html
```

索引

A

B

C

D

E

F

H

I

■ か

■ さ

■ た

■ な

■ は

■ ま

■ ら

■ わ

■ 著者プロフィール

豊沢 聡（とよさわ・さとし）

電話会社、教育機関、ネットワーク機器製造会社を経由して、ただいま絶賛無職中。著書、訳書、監修書はこれで38冊目。主な著書に『詳説 Node.js』（カットシステム、2020）、『jq ハンドブック』（カットシステム、2021）、『TCP/IP のツボとコツがゼッタイにわかる本』（秀和システム、2023）、訳書に『詳細イーサネット第2版』（オライリー・ジャパン、2015）、『Fluent Python』（オライリー・ジャパン、2017）、監修書に『実践 OpenCV 2.4 映像処理と解析』（カットシステム、2013）がある。

著者近影

実践 REST サーバ

Node.js、Restify、MongoDB によるバックエンド開発

2024 年 5 月 10 日　　初版第 1 刷発行

著　者	豊沢 聡
発行人	石塚 勝敏
発　行	株式会社 カットシステム 〒 169-0073 東京都新宿区百人町 4-9-7　新宿ユーエストビル 8F TEL (03)5348-3850　　FAX (03)5348-3851 URL　https://www.cutt.co.jp/ 振替　00130-6-17174
印　刷	シナノ書籍印刷 株式会社

本書に関するご意見、ご質問は小社出版部宛まで文書か、sales@cutt.co.jp 宛に e-mail でお送りください。電話によるお問い合わせはご遠慮ください。また、本書の内容を超えるご質問にはお答えできませんので、あらかじめご了承ください。

Printed in Japan　ISBN978-4-87783-549-1

ダウンロードサービス

このたびはご購入いただきありがとうございます。
本書をご購入いただいたお客様は、著者の提供するサンプルファイルを無料でダウンロードできます。

ダウンロードの詳細については、こちらを切ってご覧ください。

有効期限：奥付記載の発行日より 10 年間
ダウンロード回数制限：50 回

実践 REST サーバ

注）ダウンロードできるのは、購入された方のみです。中古書店で購入された場合や、図書館などから借りた場合は、ダウンロードできないことがあります。

キリトリ線